中华五千年文明图说丛书

刀矛剑戟与战争

◎李守义 编著

山西人民出版社

前言

中国是世界上四大文明古国之一，中国古代兵器有着光辉灿烂的历史。

远在五六十万年以前，我们的祖先就知道用一块石头去打碎另外一块石头，从中选出适用的石头；又用石头去砍斫所适用的树枝，这便制造出了我国最早的石器和木器工具。在原始社会里，劳动所使用的工具和自身防卫所使用的武器是不分的。恩格斯说："根据所发现的史前时期的人的遗物来判断，根据最早历史时期的人和现在最不开化的野蛮人的生活方式来判断，最古老的工具是些什么东西呢？是打猎的工具和捕鱼的工具，而前者同时又是武器。"（恩格斯：《劳动在从猿到人转变过程中的作用》，见《马克思、恩格斯全集》第20卷第515页，人民出版社1971年版。）因此，这些石器和木器，同时也是我国最早的石兵器和木兵器。从那个时候开始，我国古代兵器的发展经历了漫长的历史时期，时间横亘60多万年。在这个漫长的历史时期里，从大范围来看，我国古代兵器的发展分为石兵器、青铜兵器、铁兵器和古代火器四个阶段。

我国原始社会主要是石兵器。当然，也使用过竹木兵器。生活在距今约五六十万年前的北京猿人，他们采集石英和砂岩，也有少量燧石和水晶，经过初步加工后，制成带有锋利边缘或锐利矢锋的石器，这些石器既是劳动工具，又是自身防卫的武器。到了旧石器时代晚期，人们在木棒顶端绑上经过加工的石块，制成了石矛、石斧等，并且发明了远射兵器——弓箭。"弓、弦、箭已经是很复杂的工具，发明这些工具需要有长期积累的经验和较发达的智力，因而也要同时熟悉其他许多发明。"（恩格斯：《家庭、私有制和国家的起源》，见《马克思、恩格斯全集》第21卷第33页，人民出版社1965年版。）到了新石器时代，磨制技术有了很大的发展。这时候，人们大量使用经过精细磨制的石斧、石刀、石戈、石矛、石弹等石兵器以及石或骨制的矢镞。这些东西，用于生产则为工具，用于战斗则为兵器，兵器和工具依然是不分的。随着社会生产力的发展，到了原始社会末期，出现了私有财产，发生了掠夺奴隶和财富的战争。从此，兵器从工具中独立出来，成为战争的一种特殊工具。我国古籍上关于“蚩尤造五兵”的传说，大概就是这一历史时期的具体反映。

大约从公元前21世纪的夏代开始,我国兵器的发展进入了青铜兵器时期。所谓青铜兵器，就是用青铜制造的兵器。青铜是铜和锡的合金，因为用这种合金制造的兵器颜色呈青灰色或青绿色，故名青铜兵器。我国青铜兵器时期是与我国青铜器时代相始终的，先后经历了夏、商、西周和春秋，占据战争舞台长达1600余年。在这个漫长的历史时期里，无论是国君还是诸侯，都是以战车的拥有量及其武器装备作为衡量一国军事强弱的重要标志。为了满足车战的需要，我国青铜兵器迅速发展起来。

从战国时期开始，随着社会经济的繁荣，科学技术的提高，我国冶铁业迅速发展起来，铁兵器逐渐登上战争舞台。因此，从战国开始，经秦、汉、魏、晋、南北朝、隋、唐，直到唐末火器出现为止，是我国兵器发展史上的铁兵器时期。在这个漫长的历史时期里，为满足战争的需要，历代统治者生产出了大量质地优良、成本低廉的钢铁兵器。这些武器制造精湛，造型独特，杀伤力强，堪称世界兵器宝库中的瑰宝，显示了中国兵器发展史上的灿烂与辉煌。

从目前所掌握的材料看，大约在晋代，即公元3世纪末4世纪初，我国发明了火药。火药是中国古代四大发明之一，具有世界历史意义，是划时代的里程碑。最迟到唐末，即10世纪初，我国火药被应用到军事上，发明了火器。火器的出现，掀开了我国兵器发展史上的光辉篇章。从此，我国兵器的发展进入了古代火器时期。古代火器从五代十国开始，到清代鸦片战争止，前后长达900余年，在我国兵器发展史上，是古代火器和冷兵器并用时期。

鸦片战争以后，清朝政府开始大量输入西方枪炮，同时创办近代军事工业，制造近代枪炮。这样，从19世纪50年代开始，冷兵器逐渐缩小了在战争中的使用范围，逐渐被近代枪炮所取代。

目录

第一章 兵器的童年

一、兵器与生产工具的分离 /1
二、涿鹿之战和蚩尤造兵 /3
三、后羿射九日的神话 /7
四、渔叉猎斧变刀矛 /9

第二章 青铜兵器的光辉

一、青铜时代的兵器 /11
二、青铜兵器的种类 /13
三、孙武及其《孙子兵法》 /18

第三章 战车驰骋

一、战车的起源 /23
二、车战时代 /25
三、车战阵法 /32
四、大型作战器械 /39

第四章 钢铁兵器走上了战争舞台

一、钢铁兵器的出现 /44
二、钢铁兵器的多样化 /45
三、古代兵器的“百科全书”
——《武经总要》 /50
四、经典战例 /55

第五章 甲胄春秋

一、殷周甲胄 /68
二、秦甲类型 /72
三、汉代铁铠 /75
四、筒袖铠、裲裆铠和明光铠 /77
五、唐代铁铠 /79

第六章　铁骑纵横

一、秦汉骑兵 /83

二、马矟代戟 /90

三、重甲骑兵与马镫 /95

四、铁铠轻骑 /99

五、疾如锥矢的骑战 /105

第七章　古代的水军和战船

一、水军的起源 /109

二、古代战船 /113

三、战船的性能与装备 /127

四、水战攻防 /128

五、郑和七下西洋 /134

第八章　火器神威

一、火药的发明 /145

二、原始火器 /147

三、元末明初的火铳 /150

四、西方火器的引进和仿制 /153

五、郑成功复台之战 /158

第九章　龙旗飘扬的舰队

一、晚清海军的建立 /163

二、福州船政局与江南制造局 /169

三、晚清时期的中国巡洋舰 /179

四、中日甲午战争 /190

第一章　兵器的童年

一、兵器与生产工具的分离

“守战之具，皆在民间”（《太公金匮》），原始兵器是由生产工具，特别是渔猎工具发展而来的。原始人用单体弓、石斧、飞石索等击杀各种动物以求生存，而当发生武力冲突的时候，便手持这些工具进行人与人的格斗。一旦这些工具沾上了同类的鲜血，原始生产工具向兵器的转化也就开始了。

新石器时代的石镞。内蒙古赤峰市林西县出土。

这是一个漫长的历史过程。

在旧石器时代，由于生产工具简陋，生产力水平低下，人类必须集体群居，共同劳动，公平分配，没有剥削，没有利害冲突。人们在生产中使用的渔猎工具，虽有时也用作防身武器，但主要是对付野兽的伤害，而不是对付他人的侵袭。此时各部落联盟之间，在平时相隔一个中间地带，因而一般能相安而处。随着人口的增加和生产的需要，有时也会因为争夺水源、草地等发生武力冲突。在武力冲突中，他们就拿起石斧、石刀、石镰等工具进行厮杀。于是，单纯用于生产劳动和防备野兽侵害的工具，便被当作厮杀的兵器使用了。大约在六七千年以前，活动在黄河流域的一些氏族部落进入了新石器时代中期，石斧、石刀、石锄、石锛、石镰、石镞、骨耜、穿孔斧和多孔石斧等工具较多地被制作和使用，使生产能力得到了提高。同时，由于生活条件的改善，定居成为可能，一些利益相同的氏族成员往往聚居于一处，形成了相对的聚落。于是最初的部落和部落联盟开始形成。这种社会组织形式，与旧石器时

新石器时代的石斧。内蒙古赤峰市敖汉旗小山遗址出土。

新石器时代的装有把柄的骨耜。浙江余姚河姆渡遗址出土。

新时器时代彩绘鹳鱼石斧陶缸。1978年河南临汝出土，上面绘有一副彩画。画面的一边是一只鹳，口中衔着一条鱼；画面的另一边是一柄竖立的石斧。研究者认为，鹳是能给原始氏族带来欢乐、吉祥的益鸟，石斧是原始氏族的图腾。鹳衔着大鱼，虔诚地面对石斧，意味着向石斧奉献供品，祈求石斧保佑氏族平安、吉祥、欢乐、丰收。

代和新石器时代早期的社会组织形式不同。

到5000多年前的新石器时代晚期，有些氏族部落开始从母系氏族社会向父系氏族社会过渡，社会生产有了一定的发展，私人占有财产的现象逐渐产生，部落之间的武力冲突已经带有掠夺财富的性质。随着武力冲突规模的扩大，就发展成为部落之间的战争。在这些战争中，单纯地利用带有锋刃的生产工具已经不能满足战争的需要，严酷的现实迫使人们进行改进和创新，于是，就出现了由少数人制作的和生产工具不同的兵器。兵器诞生的时间，也就是古史传说中的阪泉、涿鹿之战前后。传说中的“战神”蚩尤总是被描绘成兵器的创制者，在汉画像石上，他的头上有角，身上和手中佩持着各种兵器。其他如“黄帝之时，以玉为兵”、“轩辕、神农、赫胥之时，以石为兵”等记载，史不绝书，都暗示了这一重要转化完成的历史年代。

原始兵器是当时的人们用石、骨、竹、木等材料，仿造动物的角、爪、喙的形状制成的，它比天然或简单加工刮削而成的刀器和生产工具的杀伤力要大得多。这样，兵器就开始从一般生产工具中分离出来，进入它的童年时代。

黄帝像，明弘治十一年刻本。黄帝是我国原始社会末期一位伟大的部落首领，是开创中华民族文明的祖先。

二、涿鹿之战和蚩尤造兵

原始社会晚期的部落战争和战争中使用的武器，虽然在史书中缺乏准确的记载，但是在古代的神话传说和有关的典籍中，留下了一些可供探寻的线索。其中提到最多的是黄帝与蚩尤的涿鹿之战。据说北方以黄帝为首的黄帝部族，同南方以蚩尤为首的九黎部族，为了争夺黄河流域中的一块肥沃平原，在涿鹿一带发生了大战。

战争是一种社会政治现象，它本身也随着社会文明的演进而经历了从无到有、从幼稚到成熟的发展阶段。早在原始社会中晚期，氏族部落之间就发生过为扩大自己的生存空间、以血亲复仇为目的的武装冲突。由于这类冲突尚不是以掠夺生产资料和从事阶级奴役为宗旨，所以它们并不是科学意义上的战争，而仅仅是战争的萌芽。但为了叙述的方便，我们还是将其通称为“战争”。传说中的神农伐斧燧、黄帝与炎帝的阪泉之战、黄帝伐蚩尤的涿鹿之战、共工与颛顼之间的战争，就是这类“战争”的历史遗痕。其中涿鹿之战最具典型意义。

炎帝像，明万历刻本。炎帝神农氏是中原黄河文化区仰韶文化时期的传说人物，被尊为中华民族的始祖之一。

原始社会中晚期，在当时广袤的地域内形成了华夏、东夷、苗蛮三大集团。其中华夏集团以黄帝、炎帝两大部族为核心，它们分别兴起于今关中平原、山西西南部和河南西部。经融合后，沿着黄河南北岸向今华北大平原西部地带发展。与此同时，兴起于黄河下游的今冀、鲁、豫、苏、皖交界地区的九黎部族（东夷集团的一支），也在其首领蚩尤的领导下，以今山东为根据地，由东向西发展，开始进入华北大平原。这样，华夏集团与东夷集团之间的一场武装冲突也就不可避免了。涿鹿之战正是

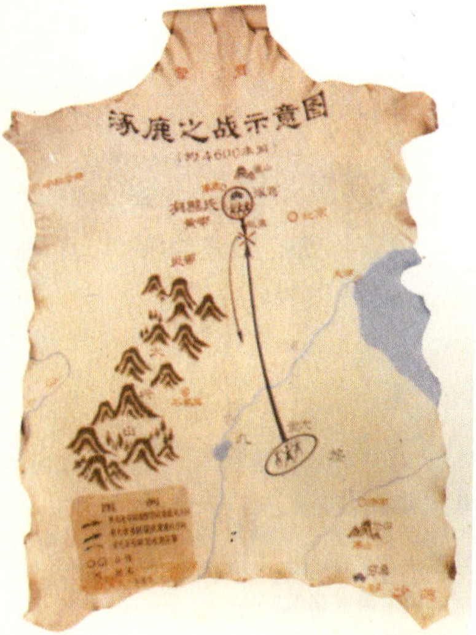

涿鹿之战示意图

在这种历史背景下爆发的。

据说蚩尤部族善于制作兵器，其铜制兵器精良坚利，且部众勇猛剽悍，生性善战，擅长角牴。进入华北地区以后，首先与炎帝部族发生了正面冲突。蚩尤部族联合巨人夸父部族和三苗一部，用武力击败了炎帝部族，并进而占据了炎帝部族居住的“九隅”，即“九州”。炎帝部族为了维持生存，遂向黄帝部族求援。

黄帝部族为了维护华夏集团的整体利益，就答应炎帝部族的请求，将势力推向东方。这样，便同正乘势向西推进的蚩尤部族在涿鹿地区遭遇了。当时蚩尤部族集结了所属的81个支族，在力量上占据优势，所以，双方接触后，蚩尤部族倚仗人多势众、武器精良等条件，主动向黄帝部族发起攻击。黄帝部族则率领以熊、罴、狼、豹、雕、龙、鸮等为图腾的氏族，迎战蚩尤部族，并让“应龙高水”，即利用位处河流上游的条件，在河流上筑土坝蓄水，以阻挡蚩尤部族的进攻。

“战争”爆发后，适逢浓雾和大风暴雨天气，这很适合来自东方多雨环境的蚩尤部族展开军事行动。所以在初战阶段，适合于晴天环境作战的黄帝部族处于不利地位，曾经九战而九败（九是虚数，形容次数之多）。然而，不多久，雨季过去，天气放晴，这就给黄帝部族转败为胜提供了契机。黄帝部族把握战机，在玄女部族的支援下，向蚩尤部族发动反击。他们利用特殊有利的天候——狂风大作，尘沙漫天，吹号角，击鼙鼓，乘蚩尤部族部众迷乱、害怕之际，以指南车指示方向，驱众向蚩尤部族进攻，终于一举击败敌人，并在冀州之野（冀州，今河北地区）擒杀其首领蚩尤。涿鹿之战就这样以黄帝部族的胜利而宣告结束。战后，黄帝部族乘胜东进，一直进抵泰山附近，在那里举行“封泰山”仪式后方才凯旋西归。同时在东夷中选择一位能服众的氏族首领少皞继续统领九夷部众，并强迫东夷部族

下马石。黄帝陵在桥山之巅，山顶有一块“下马石”，上书“文武官员至此下马”。

陕西黄帝陵人文初祖殿。黄帝陵相传是中华民族的始祖轩辕黄帝的陵园，它位于黄陵县城北的桥山顶上。

同华夏集团结为同盟。

这场“战争”的大致经过是由神话传说所透露的，因此更具体的细节已无从考察了。但是神话毕竟是历史的投影，它曲折地反映了历史。从这个意义上说，涿鹿之战堪称我国古代战争的滥觞。涿鹿之战中，黄帝部族之所以能取得最后胜利，在于其战争指导上比蚩尤部族高明。具体而言，即黄帝部族已开始注意从政治和军事两方面做好战争准备，史称“轩辕氏乃修德振兵”，就是证明。在战争过程中，黄帝部族还善于争取同盟者，巧妙利用有利于己不利于敌的气候条件，果断地进行反击，从而一举击败强劲的对手，确立自己对中原地区的控制。相反，蚩尤部族尽管兵力雄厚，兵器装备优于对手，但由于一味迷信武力，加上连年对外扩张，“好战必亡”，已预先埋下了失败的种子。在作战指导上，又缺乏对气候条件的应变能力，缺乏对黄帝部族的大规模反击的抵御准备，因而最终招致败绩，丧失了控制中原地区的历史性机遇。

这场大战持续时间之长，动员的力量之多，战斗之残酷和激烈，在历史上都是空前的。涿鹿之战胜利后，以黄帝为首的北方民族联盟巩固了在中原地区的地位，在通往华夏族形成的道路上向前迈进了一大步。战争的胜利，更加牢固地确立了黄帝的领袖地位。这位远古神话传说中的英雄，就成为中华民族的象征。

蚩尤在涿鹿之战中失败被杀，但是他的功绩并没有被人们遗忘。传说他曾发明了“五兵”，还传说他当时已掌握了用金属制作兵器的技能，似乎青铜时代最普遍使用的兵器如戈、矛、戟、殳等都是他发明的。在汉代画像石的图像中，常可

汉代画像石中的蚩尤像。中国民间把兵器的发明归功于蚩尤，认为是他创制了兵器。战国秦汉时期，民间还将蚩尤奉为“八神”(天、地、兵、阴、阳、月、日、四时)。在汉代的画像石上，蚩尤被描绘成兽首、人身、鸟足的怪物，其手中和身上佩持着多种兵器。

以看到蚩尤的形象，他被画成似人非人的神兽形状，双手各执一件兵器，两足也各抓一件兵器，头上还顶着一件兵器，而在左右胁下各佩带一件兵器，总数仍是五件，以合于蚩尤发明“五兵”的数目。当然，这种手足持兵器的蚩尤图像，是出于汉代艺术家的想象，但足以表明人们对这位兵器发明者的怀念。

除了制作“五兵”以外，蚩尤在古代还一直作为“军神”或者说是战争之神受人尊敬，在中国古代称战争之神为“兵主”。其实，在古史传说中，除了蚩尤战败被杀外，还有关于蚩尤命运的另一种传说，即涿鹿之战后，黄帝并未杀蚩尤，而是让他主兵，蚩尤后来成为“军神”，受到人们的称颂。《史记·五帝本纪》的注文所引的《龙鱼河图》中载，上天差遣玄女下凡传授黄帝兵符，才能制伏蚩尤，然后黄帝让蚩尤主兵，以制八方。后来蚩尤死了，天下大乱，黄帝又将蚩尤的画像送到各地，以表明他并没有死。人们以为蚩尤还活在人间，因此八方又臣服于黄帝。据《史记》记载，秦始皇东游海上，行礼祠名山大川及八神，八神之中的第三神就是“兵主”蚩尤。到了汉代，凡都城都立有蚩尤祠。西汉的都城长安立有蚩尤祠，东汉时的都城洛阳也立有蚩尤祠，而且可能与存放兵器的武库距离较近，当名将马严拜将军长史时，皇帝曾命令他“过武库，祭蚩尤”，可见当时命将出兵要祭“兵主”蚩尤。这种祭祀蚩尤的做法，在中国古代沿袭很久，直到唐代仍然保持着出兵祭蚩尤的习俗。

后羿射九日

三、后羿射九日的神话

在中国远古的神话传说中，有一个射日的神话，那是一曲人类征服自然的颂歌。据说在帝尧的时代，天空中忽然同时出现了10个太阳，他们本是女神羲和的儿子，住在扶桑神树上。原来，每次只有一个太阳乘坐由羲和驾驭的六龙车出巡，其余9个躲在扶桑树的枝条中，当一个太阳回来后，再换另一个随着羲和乘车在天空中巡游。但是有一天，10个太阳不听羲和的话，竟然同时跑到天空，它们竞相把炽热的火焰倾泻到人间。于是江河干涸，土地龟裂，稼禾枯萎，无穷的苦难降临到百姓的头上。这时，一位英雄挺身而出，他就是神箭手后羿。他登上高山，仰望天空，张开红色的强弓，搭上白色的长箭，瞄准了一个太阳，弓弦响过，白色的利箭急速划破苍穹，射中了一个太阳，那个太阳中箭以后，它那炽热的光轮爆裂了，流火乱飞，散落下黄色的羽毛，接着坠落下来一只硕大的金色三足乌鸦，它的头颅已被利箭射穿。另外9个太阳看到这一情景，吓得四散奔逃，但是大都没能逃脱，后羿的利箭一支连着一支，穿透一个又一个太阳的头颅，它们一只接着一只坠落下来。后羿又搭上第十支箭，但是他却找不到目标，因为最小的一个太阳聪明地躲藏进扶桑树的枝条中，不敢再露头。此时，大地上堆满了太阳的尸体，射日的后羿成为人们心目中的英雄。

使用弓箭的史前先民

后羿能够完成射日的伟业，离开弓箭这一古老的射远兵器是无法完成的，因此射日的神话，也可以说是对弓箭的颂

石镞。石镞是将石器放在磨石上磨光制成的最早的弓箭头，这是狩猎时当做箭头用的重要武器。随着私有制的出现，部落之间的战争和掠夺不断升级，原来用于捕猎野兽的弓箭，在战场上发挥着威力。在原始社会晚期的古城遗址中出土了大量的石制的箭镞。

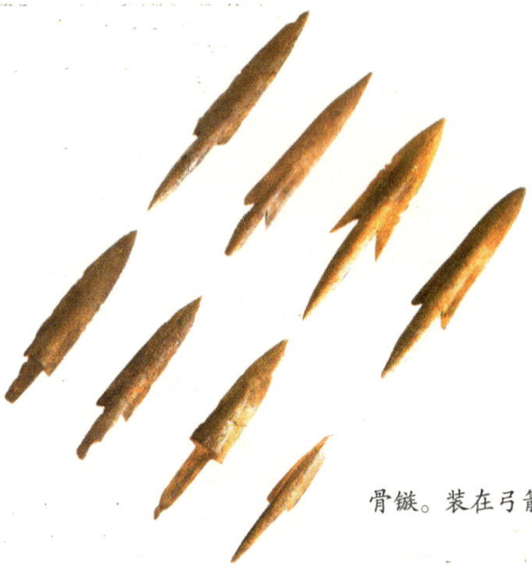

骨镞。装在弓箭上的狩猎工具。

歌。古代传说中描述了后羿的功绩，也因此把弓箭的发明归功于他。但弓箭发明的真正时间，比传说中后羿的年代更为久远。1963年在山西朔县峙峪村发掘出一枚旧石器时代晚期的打制石镞，这枚石镞用薄燧石片制成，加工精细，前锋锐利，经放射性碳素测定年代，这枚石镞产生的年代距今约两万八千年以上。看来人类最初懂得使用弓箭的年代，要比懂得制作这种较精细的石镞的时代还要早得多，至少也是距今三万年以前的事。他们选用能弯曲变形、富有弹力的木材，制成弓身后，用弦牵引变形，然后猛然松开弓弦，那被压迫变形的弓身急速复原，从而将扣在弦上的箭射出去。弓的弹力越强，则射程越远。这是古代一项重要的发明，对于以狩猎和畜牧经济为主的原始部族具有极大的意义，它可以有效地抵御猛兽的袭击和更多地获取猎物。

经过上万年的漫长岁月，弓箭得到很大的改进，主要表现在两个方面：一方面是弓体的改进，由简单的单体弓发展为复合弓。另一方面是箭的改进，主要是加装更为坚硬锐利的镞，以增强箭的穿透力和杀伤力；又添加了尾羽，以增强箭的稳定性。这些改进发生于人类历史步入新石器时代以后。箭镞由粗陋的打制石镞，改用易于大量制作的骨镞；又随着石器制作工艺的进步而逐步改用磨制精致的石镞。镞的形状也由扁平体形状发展成锥体三棱的形状，增强了穿透能力。

弓箭日趋精锐，猎获物日益增多，但人们在欣喜之时，头上却笼罩着一团阴影，那便是原始战争。由于生存竞争，原始氏族部落之间不断发生流血的暴力冲突，这时带有锋刃的工具，自然被用于人类的互相残杀，弓箭正是最早被利用的工具之一，于是弓箭由狩猎工具转化为用于战争的兵器了。

四、渔叉猎斧变刀矛

公元前21世纪，夏王朝建立，夏朝的统治者为巩固自己的统治，强迫大批奴隶构筑城郭和都邑，建立军队，制造兵器，用于战争。至此，专为战争使用的工具——兵器，便完全与生产工具分离而独立存在。它的属性也从生产工具和防身武器的结合体，演变为在战争中直接用于杀伤敌人的有生力量、破坏敌人作战设施的兵器。它们的构造也脱离了对动物角、爪、喙的简单仿制，而突出了杀伤部位和构件，加强了毁杀作用，以适应作战的特殊需要。于是，专业的兵器制造作坊出现了，它们开始为国家军队成批制造规格统一的兵器以满足作战和训练的需要。

石镞、单孔石刀。这是在夏朝遗址中发现最多的石箭镞和石刀，都是兵器。

作为兵器起源的石兵器，经历了漫长的年代，它是原始社会晚期和夏代使用的主要兵器，到商、周两代，仍然与青铜兵器混杂使用。石器时代制造的兵器虽然以石材为主要原料，但是也大量利用动物的骨、角以及木、竹等，这正是文献上所说的“以木为兵”、“以石为兵、”“以玉为兵”。

新石器时代石钺。在新石器遗址中，广泛存在一种扁平、穿孔、弧形宽刃的斧类石器，考古学家称之为石钺。它源于石斧，但可能很快就成为武器，并进一步发展为军事首领权力的标志物。

新石器时代穿孔石匕首，江苏邳县大墩子出土。

在原始社会晚期和夏代，原始兵器的构成已基本上具备了兵器的三个主要大类，即格斗兵器、抛射兵器和防护装具。格斗兵器主要有钺、矛、匕首。钺是从石斧发展而来的，体宽而扁平，上有一个穿孔，刃呈弧形，是专用的劈砍兵器，也作为军权的象征。考古发现的石矛、骨矛是当时的常用兵器。骨矛是用兽肢骨制成的，有锋利的刃尖，长10厘米～15厘米。龙山文化出土的矛，断面则为三角形或菱形，前锋长而锐，杀伤力更强。匕首是防身的短兵器，大汶口出土的环形匕首最具特色。原始抛射兵器主要是单片竹、木制成的单体弓，而传说中的“黄帝作弓”、“羿作弓”，当是新型的复合弓。箭镞有骨质的和石质的两种。原始甲胄的质地当为藤木或皮革，所谓“割革为甲”，就是用兽皮制成护身的甲胄以防卫敌方兵器的杀伤。

随着新型材料的不断出现，上述各类兵器的构造和质量便得到改进和提高。

第二章 青铜兵器的光辉

一、青铜时代的兵器

我们的祖先在新石器时代晚期，已经掌握了铜的冶炼技术及其器具的制造、使用方法。随后又进一步掌握了铜和锡合炼而成的青铜冶炼技术，于是以青铜为制作材料的第一代金属兵器便登上了战争的舞台。大约从公元前21世纪的夏代开始，我国兵器的发展进入了青铜兵器时代。先后经历夏、商、西周和春秋，占据战争舞台长达1600余年。在这个漫长的历史时期里，无论是国君还是诸侯，都是以战车的拥有量及其武器装备作为衡量一国军事强弱的重要标志。“千乘之国”、“万乘之君”则成为显示国力强盛的象征。为了满足车战的需要，我国青铜兵器迅速发展起来。

商代青铜器上的用钺斩首图纹。钺的专杀之威，并非只有象征意义，而是有实实在在的功用，即用作行刑的法器，以之断头。

夏代青铜兵器的发展情况目前还不清楚。史籍记载只有夏代用铜制作兵器的传说。迄今为止考古发掘还没有出土夏代的青铜兵器。

商代饕餮纹铜钺。钺是一种劈砍兵器，刃多呈弧形，身薄而宽，一般由钺身和木柲组成。

到了商代，随着青铜冶铸技术的提高，青铜兵器得到了进一步的发展。主要表现在：一是青铜兵器的种类齐全。有弓、矢、戈、矛、大矛、短刀、大刀、钺、盔、兵车等。二是青铜兵器的制造技术较高。青铜兵器在铜、锡、铅的合成比例上已经比较科学，什么兵器用什么样的比例

新石器时代青铜刀。这是中国境内发现最早的青铜器，表明中国西部的黄河上游是青铜文化的发源地。

配制合金相当讲究。三是商代军队普遍装备了青铜兵器。当时主要有车兵和步兵，车兵已广泛使用了斧、钺、戈、矛等青铜兵器作战。

商代铜曲内戈。这是商代后期的戈，与商代前期比较，有了较大变化，改进了戈援的锋、刃，戈头和戈柲的结合方式有了改进，并加大了夹角，增强了杀伤力。

西周青铜兵器在商代青铜兵器的基础上有了较大的发展。青铜兵器的种类比商代增多，除商代原有的戈、矛等主要兵器外，又增加了剑、双钩、戟等重要的青铜兵器。青铜兵器的构造比商代有较大的改进。如矛的长度加长，刃长而銎管短；戈由无胡无穿发展到短胡一穿，有的甚至三穿，且内有刃，宽胡斜刃也开始问世。特别是短兵器，周代比商代有了更大的发展。

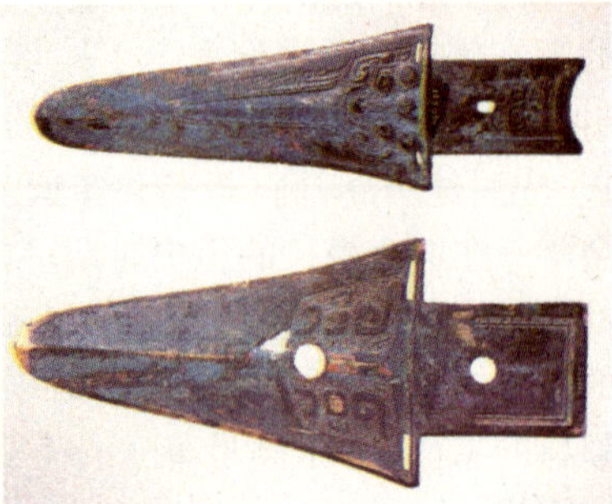

西周铜戈

春秋时期，诸侯纷争，战争频繁，为了满足当时车战的需要，我国青铜兵器发展到了全盛时期，在兵器的形制、数量、质量等方面都有了提高和改进。具体表现在：一是青铜兵器制造范围扩大了。当时不但王室制造青铜兵器，各诸侯国也大量制造青铜兵器。二是青铜兵器的形制有了显著的改进，一般都比较轻便灵巧，杀伤力增强。如常用的戈，胡加长，多有三至四穿，缚得更牢。戈身呈弧形而尖，利于锥刺。矛渐向细长演变，锋部越来越厚实。三是青铜兵器的冶铸技术已经十分高超。青铜兵器中的铜、锡、铅三种成分的比例非常科学，出土的一些青铜兵器，如越王矛、越王勾践剑、吴王夫差剑等，就是这一时期的稀世珍品。

青铜兵器制造技术的提高，使军队的武器装备得到了改善，车战兵器的组合

春秋铜剑。从春秋晚期到战国时期，青铜剑的发展步入了成熟、鼎盛的时代，此时期铜剑的剑身普遍加长，达50厘米～60厘米。此时的铜剑制作精良，在实战中大量使用。

西周铜短剑。这是西周时期北方草原地区使用的青铜兵器。这一时期，北方草原地区游牧民族使用的青铜短剑有新的发展，商代的曲柄式短剑基本消失，代之而起的是直柄直刃式短剑。

春秋铜短剑。东周时期，北方草原地区游牧民族使用的直柄直刃式铜短剑有了很大的发展。这柄剑剑脊饰牛纹，剑柄饰马纹，正背面的纹饰相同，特别精美。

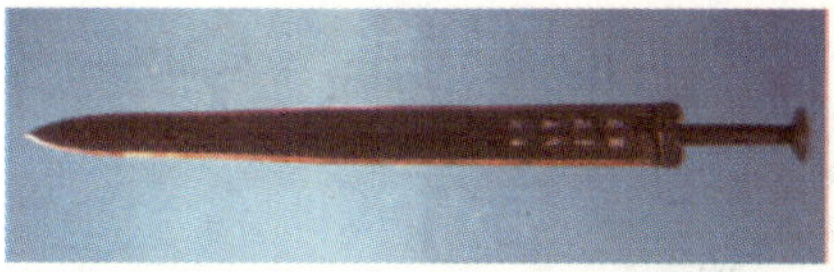

越王勾践铜剑。春秋晚期，南方吴越两国的铸剑水平远远超过中原，考古发现和传世的吴越铜剑均制作精良。此剑是典型代表，出土时完好如新，锋刃锐利。

更为合理，一辆战车装备的格斗兵器有戈、戟、矛和带尖锋、刺球的殳，有射远的弓箭，有防护装具盾牌和整套涂有红黑色漆皮的甲胄，以及保护马匹的皮甲。这一时期，各诸侯国之间战争频繁，有的诸侯国拥有带甲10万的强大武装力量，可见当时制造和使用兵器之多了。

二、青铜兵器的种类

青铜兵器主要有：戈、矛、戟、钺、镞、殳、剑、刀、弩机、胄等。

戈：属“钩兵”，用于钩杀。由铜制的戈头、木或竹柲、柲上端的柲冒和下端的铜镈四部分构成。戈头每一部分都有专名：刃部称“援”，援末折下的部分称“胡”，被柲夹住的称“内”，援末和胡上穿绳缠柲的小孔称“穿”，援体上呈三角形的戈称“戣”。戈流行于商至春秋战国时期。

矛：用于刺杀的兵器。铜制的矛头包括“身”、“骹”两部分。身有锋刃，中线称“脊”。骹中空，略呈圆锥形，用以插柲，两旁常有环钮。柲端有铜饰称“镦”。商至春秋战国，矛有了很大的发展。

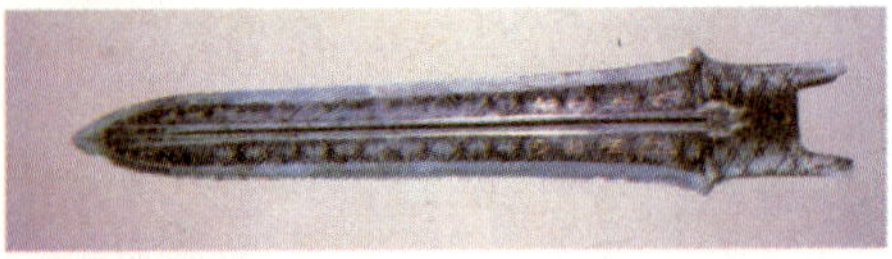

春秋吴王夫差铜矛 。矛体满饰菱形暗纹，脊上铸有很深的血槽。制作精美，锋利如新，堪与同时期的越王勾践剑媲美。

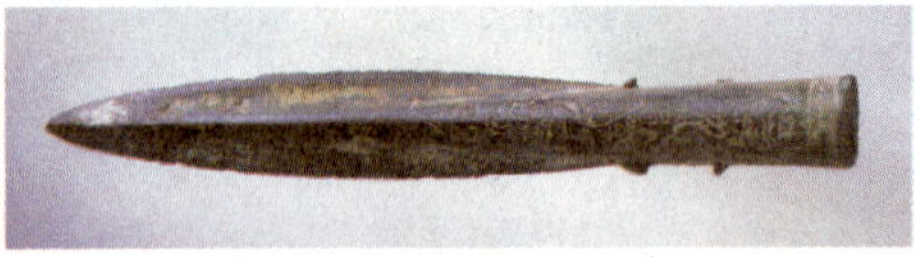

战国铜矛。正面饰虎纹，背面饰手心纹。

商代铜有胡戈。通体饰雷纹，内饰兽纹。

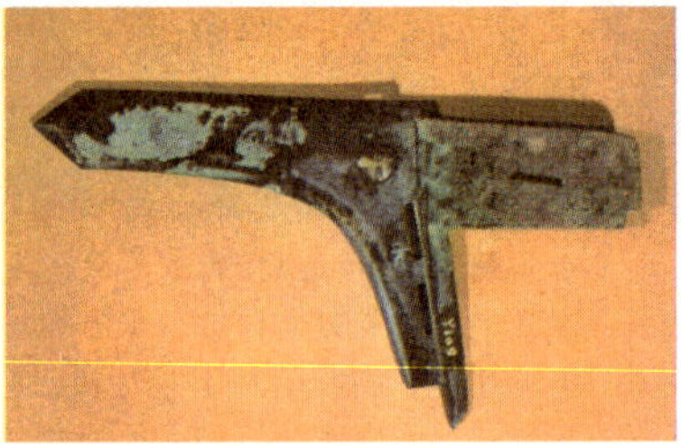

西周末春秋初铜戈。出现于西周晚期，流行于春秋初期。

钺：用于劈砍的兵器。形状像后来的大斧，有穿，可安装长柄。有些钺形体很大，并雕镂精致的纹饰，可能作仪仗用。古代国王赏赐大臣青铜钺，有着赋予军权和征伐权的意义。钺主要流行在商周时代。东周时期随着周王朝的衰弱，诸侯纷争，礼崩乐坏，青铜钺在中原地区使用日益减少。

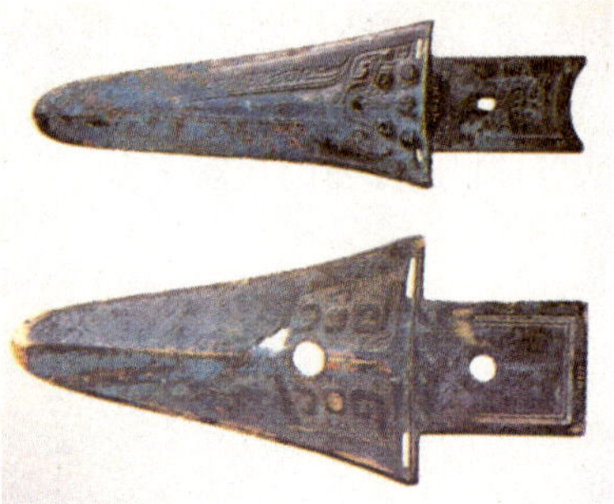

战国铜戈

戟：是戈和矛的合体，兼有戈之用于钩、矛之用于刺两种作用。安装木或竹的柲，柲端也有铜镦，盛行于商至春秋战国时期。

镞：即“箭头”。有双翼、三棱、圆锥等多种形式。双翼式的，主要特征是镞身由中脊分为左右两叶，叶外缘作刃状，向前聚成前锋，向后形成倒刺形的后锋。镞后部延伸接箭杆的部分称“茎”或“铤”。流行于商至战国时期。

殳：其作用可能与矛相似。殳由殳头、箍、积竹木柲和底端的镦组成。殳头作三棱矛状，殳头下部有箍，箍做成八棱形或刺球形，箍中空，以插接积竹木柲。杆末

西周铜钺

商代妇好钺。妇好钺形体巨大，饰以双虎噬人纹，铭“妇好”二字。妇好是商王武丁的妻子，生前多次领兵出征，是著名的女统帅。

战国铜三果戟。春秋晚期，在南方江淮流域的楚、蔡等国出现了一种装有多重戟援的青铜多果戟。这种戟有的装戟刺，有的不装戟刺，是一种以钩杀为主要功能的车战兵器。

秦代铜戟。秦戟多系戈头和矛头的联装戟，长度在3米左右。戈头上常有铭文，戟刺与戈头相距较远。为了保护戟的锋利，在其刃部戴有鞘，它是用两片薄木片合成，外裹麻布，然后髹漆，因为像豆荚，故称为“荚”。

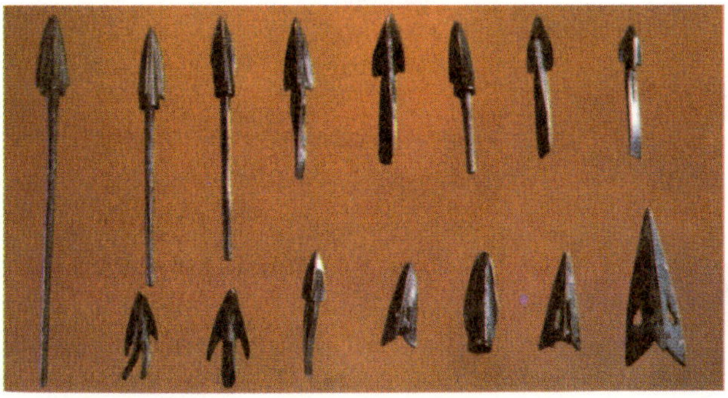

战国至汉铜镞。东周时期，箭矢的发展趋于成熟。春秋中前期，仍以承袭西周的双翼带铤式铜镞为主；战国时期，三棱铜镞取代了双翼式铜镞。

战国曾侯乙墓出土的铜箭镞

战国曾侯乙墓出土的殳

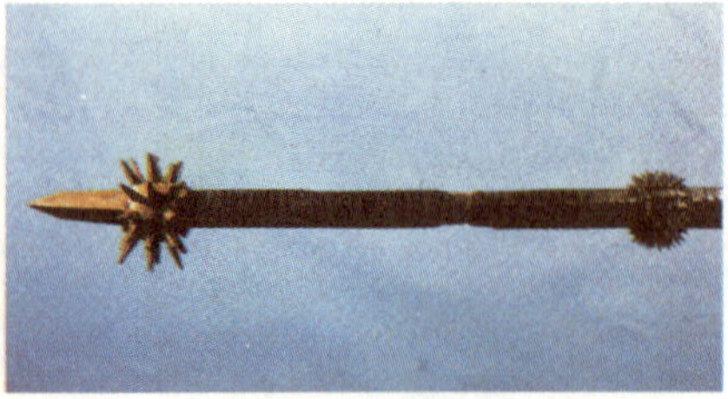

战国铜殳。春秋晚期，在江淮流域的楚、蔡等国出现了一种兼有砸击和刺杀两种功能的有刃铜殳，这种殳在3米多长的八棱形积竹柄顶端装有一个青铜殳头，殳头刃部一般呈三棱矛状，可以刺杀；骹部厚重，带有尖刺或饰以浮雕纹饰，可以砸击。一些殳还在柄上套装带刺的铜箍，是一种很有威力的车战兵器。

商代铜羊首剑。北方青铜短剑是我国最早出现的剑类兵器，被称为“曲柄匕首式剑”。其特征是：剑身较短，剑身与柄衔接处的两侧有突齿，柄微曲，多饰有精美的几何图案，柄首形式多为铃首、兽首等。

西周铜剑。正面柄部饰兽面纹，背面柄部饰云雷纹。

战国铜剑 。柄部人像梳圆髻，后垂发辫，腰系短裙，是南方少数民族的形象。

秦代铜殳。秦殳形制比较简单，是一个铜圆筒，顶部呈三棱锥形，无利刃，下接长柄。显然，这样的兵器不利于实战，主要是作为仪仗队的礼兵使用。

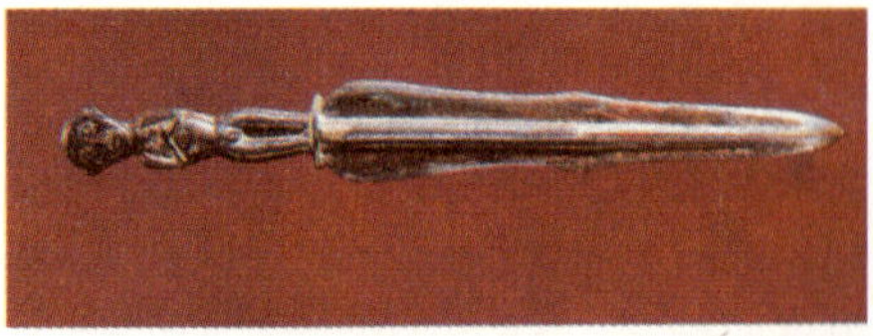

春秋匕首式曲刃铜短剑。匕首式曲刃铜短剑的特点是剑柄和剑身连铸，柄首不安装加重器。此剑铜制优良，完好无损。柄部一面铸一裸体男像，双手捧腹；另一面铸一裸体女像，双手交胸。这是北方青铜兵器的杰出作品。

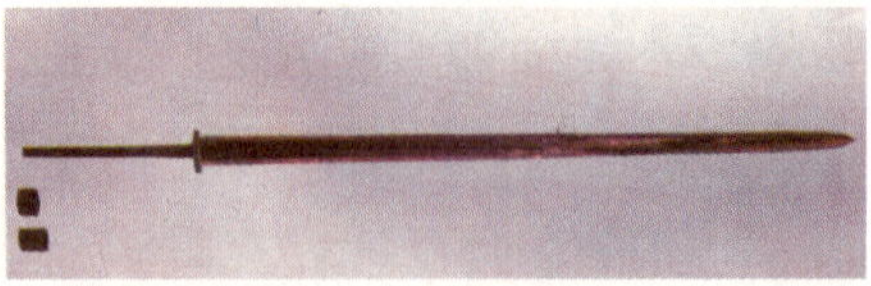

秦代铜剑。秦代铜剑的制造极为精致，较战国铜剑，剑身显著加长，达90厘米左右。具有锐利的锋，薄如纸的刃，细而长的身，这种长、窄、薄、利的形制特点显然大大增强了剑的穿刺能力。

西周铜胄

西周铜刀。西周时期，在商代大量使用的青铜短刀基本消失了，但是可以接装木柄的青铜大刀仍继续使用。

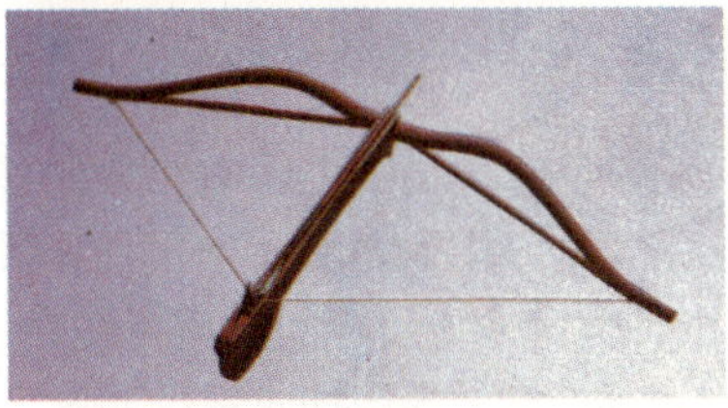

秦代弩（复原模型）。秦代弩形制与战国弩基本相似，所不同的是弩机的悬刀呈长方形，望山加大提高，这就增强了机件的灵敏度和瞄准的准确性。

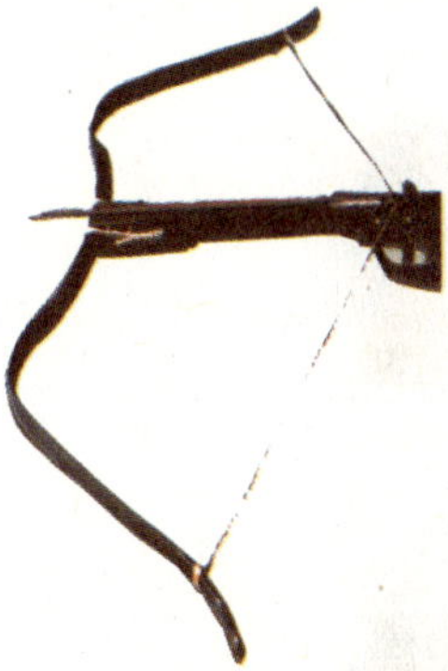

战国弩（复原模型）。战国时期，弩已经是一种成熟的实战兵器，弩机用青铜制作，其构造已很先进，配上强度较大的复合弓，大大提高了弩的射程和杀伤力。

商代铜马首刀。商后期制造，柄首用马头图案做饰。

的镦为角质。另有一种为殳，其形制是在积竹木柲的两端套有铜套，一端为殳头，呈八棱筒状，平顶而无锋刃；末端为镦，多呈筒形。

剑：属于短兵器，可手持或佩带，由“身”和“茎”两部分构成。剑身中线突起称“脊”，脊两侧成坡状称“从”，“从”外的刃称“锷”。剑茎即剑把，有圆形、扁形两种。茎端称“首”，茎和身之间有的有护手的“格”。战国与秦汉时期最为盛行。短剑亦称“匕首”。

刀：青铜刀用途广，形制多样。有的长刀直背，凸刃，刀尖向后钩；有的形如工具中的削，柄作环形或兽头形。常见于商至战国时期。

弩机：装置在弩的木臂后部的青铜制机械。弩是古代利用机械力量射箭的弓。构件包括：机身“郭”，铜弦的“牙”，郭上的瞄准器“望山”，郭下的扳机“悬刀”。扳动悬刀，牙向下缩，所钩住的弦弹出，箭就被发射出去了。

胄：亦称“兜鍪”，古代作战戴的盔，圆帽形，左右和后部向下伸展，可同时保护头顶、面部和颈部。有的胄顶有可插缨饰的管，有的在护耳下部有钮，钮中有孔，用以系皮条，加强盔戴在头上的稳定性。青铜胄盛行于商周。

三、孙武及其《孙子兵法》

孙武塑像

孙武（约前551—？），春秋时期吴国名将和伟大的军事理论家，字长卿，齐国乐安（今山东惠民）人。其曾祖父、祖父都是齐国名将，在对内对外战争中立过赫赫战功。家学的熏陶使孙武从小就喜爱兵法，渴望探求战争制胜之道，以备将来登坛拜将，沙场点兵，在战争舞台上干出一番惊天动地的事业。可惜当时齐国内乱不止，几大家族争权夺利，纷争不休。孙武无意卷入到无谓的家族斗争之中，举家迁到了南方的吴国，躬耕隐居，潜心著兵书，寻求新的发展机会。

当时吴王阖闾刚夺得王位，一心想扩充军备，建立霸业，急需统兵征战的大将之才。孙武受好友、时任吴国大臣的伍子胥推荐入宫，并把自己撰写的兵法十三篇呈献给吴王。吴王将这十三篇兵法一一看完，赞不绝口，却不知孙武是否能将这些理论运用于实战，便问他：“你的十三篇兵法我都看过了，可以小试一下指挥队伍吗？”孙武回答说：“可以”。吴王又问道：“可以用妇女来试吗？”孙武答：“可以。”于是，吴王派出宫中美女共180人，交由孙武操演。

孙武把180名宫女分成两队，以吴王宠爱的两个妃子担任两队队长，并命令所有人都拿着戟。问她们：“你们都知道自己的前心、左右手和后背吗？”宫女们回答：“知道。”孙武又解释说：“向前，就是看前心所对的方向；向左，看左手方向；向右，看右手方向；向后，转朝背的方向。”宫女们回答：“是。”孙武命人将执法用的斧钺竖立起来，反复重申军法，然后击鼓发令向左。然而宫女们听见鼓声，觉得好玩极了，个个捧腹大笑。孙武说：“是我规定不明确，你们军令军法不

孙子石碑

熟悉，错在将帅。”于是再次三令五申，击鼓发令。宫女们仍大笑不止。孙武说：“规定不明确，军令军法不熟悉，是将帅之错；既然已反复地说明了，仍不执行命令，那就是下级士官的错了。”接着下令将两位队长斩首。吴王见孙武要杀掉自己的爱妃，慌忙派人来传命说：“我已经知道将军善于用兵了。我没有这两个爱妃连饭也吃不下，请将军不要杀她们。”孙武回绝道：“臣既然已受命为将，将在军中，君命有所不受。”下令开刀问斩。接着，任命两队排头的宫女为队长，重新击鼓发令，这下宫女们的动作都合乎要求。孙武派人向吴王报告说：“队伍已训练整齐，请吴王下来看看！这样的队伍，无论君王怎样使用它，即便是赴汤蹈火，也是可以的。”吴王失去爱妃，痛心不已，不想下去看。孙武说：“看来吴王只是喜爱兵法上的词句，并不想真正去运用它。”吴王因此了解到孙武是一位既能著书立说又能统兵作战的军事奇才，终于封孙武为将军，令他日夜练兵，准备伐楚。

公元前506年，吴国伐楚战争已经准备就绪，吴王遂拜孙武为主将，率3万精兵，溯淮水浩荡西进。进抵淮汭（今河南潢州西北）时，孙武突然舍舟登陆，以3500精锐士卒为前锋，迅速地通过楚国北部阨，直插楚国纵深。楚军措手不及，被迫在柏举（今湖北麻城）仓促应战。楚军大败，吴军乘胜追击，先后用“半渡而击”等战法，11天行军700里，

苏州虎丘孙武子亭。孙武是齐国人，但仕于吴，吴国是孙武立业成名之地，因此后人也将孙武称为吴孙子，至今吴国故地还有与孙武有关的遗址，反映了吴地人民对孙武的纪念。

“兵圣”孙武及“兵经”《孙子兵法》

五战五捷，一举攻陷楚都郢。楚昭王弃城仓皇南逃。柏举之战成了中国战争史上以3万人胜20万人的速战速决的光辉战例。战国时期军事家尉缭子赞叹道：“有提 三万之众，而天下莫当者谁？曰武子也。”

公元前484年，孙武再次显露出其杰出的军事才能，辅佐吴王夫差在艾陵之战中战胜了齐国，从而使吴国国威大振，在两年后的黄池会盟中取代晋国成为霸主。司马迁在《史记·孙子吴起列传》中说：吴国“西破强楚，入郢；北威齐晋，显名诸侯，孙子与有力焉”！

孙武后来的命运如何，至今还是一个谜。一种说法是，孙武辅佐吴王夫差建立霸业后，深知“飞鸟尽，良弓藏；狡兔死，走狗烹”的道理，遂退隐林泉，从事著述以余终年。另一种说法是，他重返齐国，在家乡隐居授徒。

孙武被后人尊崇为“兵圣”、“兵家之祖”和“兵家之师”，除了他战功显赫外，更重要的是他留给后世一部不朽的军事名著——《孙子兵法》。该书有十三篇，包括计篇、作战篇、谋攻篇、形篇、势篇、虚实篇、军争篇、九变篇、行军篇、地形篇、九地篇、火攻篇、用间篇。共5000余字。但这短短的几千字里却包含着博大精深的理论体系和十分丰富的思想内容。

这十三篇兵法所贯穿的军事理论，就是他在《谋攻篇》中所提出的“知彼知己，百战不殆”的思想。孙武说：“知彼知己，百战不殆；不知彼而知己，一胜一负；不知彼不知己，每战必殆。”这一论点揭示了客观认识敌我与

《孙子兵法》汉简

银雀山汉简博物馆。1972年在山东临沂银雀山两座西汉武帝初的墓葬中发现了汉简。其中《孙子兵法》竹简的出土使失传近两千年的古佚书重新发现。其书法属隶书，略带篆意，与东汉碑刻隶书十分近似。

战争胜负的辩证关系。

为了达到“知彼知己”的目的，首先要千方百计地了解敌情，这是主将制定正确的作战方针、策略的首要条件。《孙子兵法》中多处讲到了这一点。《用间篇》讲要“先知”敌情，为了详察敌情，强调利用间谍（五间），不惜用爵禄和重金收买，以获取准确的军事情报。《行军篇》提出指挥员要注意随时做细密的观察，根据各种征候以“相敌”。《形篇》甚至主张可以用示形的办法，引诱敌人暴露形迹，而自己不露声色。掌握了敌情，加上主将的正确谋略，做到了“知战之地，知战之日，则可千里而会战”。运筹帷幄之中，决胜千里之外，不是不可以做到的。

为了达到“知彼知己”的目的，还要善于观察天时，利用地利。《孙子兵法》中形篇、行军篇、地形篇、九地篇作了详细的论述。“夫地形者，兵之助也。料敌制胜，计险厄远近，上将之道也。知此而用战者必胜，不知此而用战者必败。”所以利用地形也是战争胜负的关键之一。在兵法中，孙武详细地讲述了驻军要选择在地势较高的地方，避开低洼之地，要向阳避阴；打仗时，敌人如果占领了高地，不要仰攻，敌人背倚高地，不要正面攻击。不同的地形，有不同的行动和用兵原则。

主将洞察敌情，把握了天时地利之后，就可以根据自己的兵力强弱制定战略部署。如果自己的兵力是敌人的10倍，要把敌人团团包围，迫使敌人投降；如果是敌人的5倍，要毫不迟疑地攻击敌人；如果超过敌人兵力一倍，要设法分散敌人；如果与敌人兵力相等，要想尽办法战胜敌人；如果自己的兵力不如敌人，要善于摆脱敌人；如果各方面条件都不如敌人，要设法避免交战。这样就可以稳操胜券，永立不败之地。

孙武的上述军事理论，强调主观与客观相结合，一切从客观实际出发，根据敌情、天时地利，主将“知彼知己”，而后制定作战的方针和战术原则。他的理论

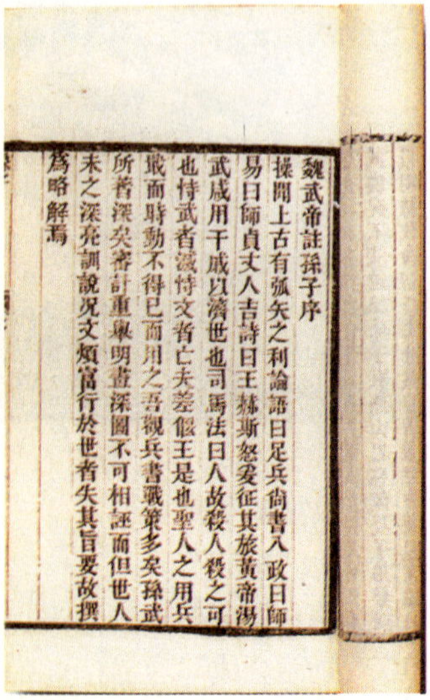
魏武帝註孫子序
操聞上古有弧矢之利論語曰足兵尚書八政曰師易曰師貞丈人吉詩曰王赫斯怒爰征其旅黃帝湯武咸用干戚以濟世也司馬法曰人故殺人殺之可也恃武者滅恃文者亡夫差偃王是也聖人之用兵戢而時動不得已而用之吾觀兵書戰策多矣孫武所著深矣審計重舉明畫深圖不可相誣而但世人未之深亮訓說況文煩富行於世者失其旨要故撰為略解焉

《魏武帝注孙子》

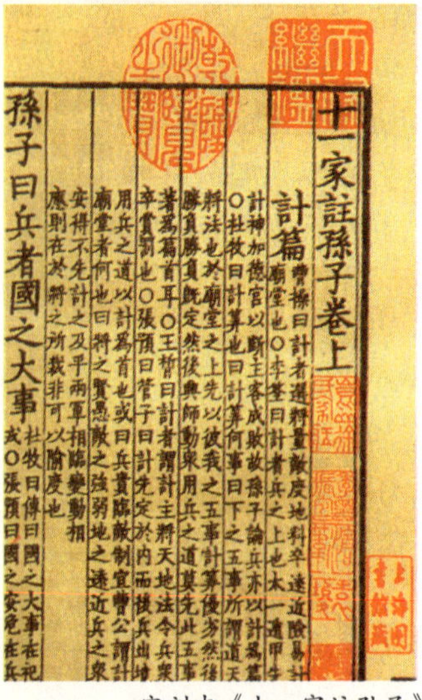
十一家註孫子卷上
計篇 曹操曰計者選將量敵度地料卒遠近險易計於廟堂也○李筌曰計者兵之上也太一遁甲先計神加德宮以斷主客成敗故孫子論兵亦以計為篇首○杜牧曰計算也曰計算何事曰下之五事所謂道天地將法也於廟堂之上先以彼我之五事計算優劣然後定勝負勝負既定然後興師動衆用兵之道莫先此五事故著為篇首耳○王晳曰計者謂計主將天地法令兵衆士卒賞罰也○張預曰管子曰計先定於內而後兵出境用兵之道以計為首也或曰兵貴臨敵制宜曹公謂計於廟堂者何也曰將之賢愚敵之強弱地之遠近兵之衆寡安得不先計之及乎兩軍相臨變動相應則在於將之所裁非可以隃度也
孫子曰兵者國之大事 杜牧曰傳曰國之大事在祀與戎○張預曰國之安危在兵

宋刻本《十一家注孙子》

具有朴素的唯物主义和辩证法思想，这对于一个生活在两千多年前的军事家是难能可贵的。

在作战方针上，孙武主张速战速决。他认为一个国家出兵打仗，要动用大量的人力、物力、财力。所以“兵贵胜，不贵久”。打仗日久，军队就会疲惫，丧失锐气，国家就会财力枯竭，敌人就会乘虚而攻。战斗之前，要做好一切准备，有了必胜的把握，突然发动进攻，以迅雷不及掩耳之势打击敌人。他在《势篇》曾有一个形象的比喻：水流湍急奔腾，就能够把石头推动，因为它水势强大；鹰隼飞速极快，就能捕捉鸟兽，因为它能掌握时机。善战的主将，一旦战幕拉开，就应像鹰隼捕捉猎物那样把握时机，一举歼灭敌人。

《孙子兵法》对中国军事理论的发展产生了巨大而深远的影响。历代兵学家、军事家都从中汲取养料，用于指导战争实践。三国时著名的政治家、军事家曹操第一个为《孙子兵法》作了系统的注解，为后人研究和运用《孙子兵法》打开了方便之门。《孙子兵法》在世界上也久负盛名。8世纪传入日本，18世纪传入欧洲。现今已被翻译成29种文字，在世界上广为流传。英国著名的军事理论家利德尔·哈特向人透露：他的军事著作中所阐述的观点，其实在2500年前的《孙子兵法》中就可以找到。他也确实对孙武及其著作深感兴趣，不仅为《孙子兵法》英译本作序，还在自己的得意之作《战略论》前面大段引述孙武的格言。1991年的海湾战争中，美国海军陆战队军官都奉命携带一本《孙子兵法》，以便在战场上阅读。

第三章　战 车 驰 骋

一、战车的起源

我国自夏、商、西周以至春秋，是战争史上的车战时代。自公元前21世纪至公元前467年，这漫长的1500多年间，驰骋在战场上的成千上万辆战车，是我国军队的主要装备，驾驭战车作战则是两军交锋的主要战斗方式。

我们的祖先早在四五千年以前就发明了车子。在传说的上古时代里，黄帝部落最先使用了车。到了夏朝初，奚仲善于造车，被任命为夏的“车正”（管理车辆的官员），后世尊他为造车之祖。从河南安阳出土的商代战车遗迹、文献记载中关于商王汤伐夏王桀的时候率领了60辆战车以及山东胶县出土的一辆西周时兵器装备齐全的四匹马战车遗迹可以得知，战车很早就在我国出现了，并在商、西周、春秋时期蓬勃发展。

根据先秦文献、卜辞记载，结合出土实物，我们得知殷周时期的战车形制差别不大。方形车厢，独辕，两个车轮，车轮直径较大，车毂较长，突出于轮外。车辕前横置一条车衡，衡上缚两轭，用以架车。车厢门开在后方，车体全用优质木料制造，同时附有铜饰件。轮轴是车的滚动支撑部件。在一个长2米～3米的大轴两端，各有一个直径一米多的大轮子。轴的两端为轴头，伸出轮外，并套有铜害装饰，保护轴头。每个轮子有20～30根辐条，支撑轮圈。两轮之间的距离称“轨距”，一般在2米以下。辕

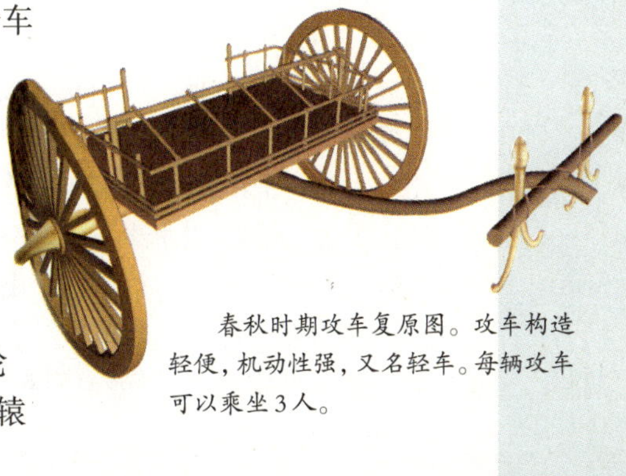

春秋时期攻车复原图。攻车构造轻便，机动性强，又名轻车。每辆攻车可以乘坐3人。

河南安阳商代战车遗迹

山东省淄博市后李春秋车马坑

衡是控制车行驶方向的部件，主要靠马匹扛拉来进行，长度也在2米～3米。车辕为单辕，与车轴成水平十字垂直，前端上翘至马背高度。在辕端有一横杆，是车衡，横在马背上方、马脖子的后面。车衡两端各有一个成叉状的部件，叫“軛”，叉在马的脖子上。这样，马行走起来，就可以通过辕、衡控制车行驶的方向。车厢在当时叫“舆”，用来载人。车厢安装在轴上方，底面为长方形，一般宽1米～1.6米，进深0.7米～1米，高0.3米～0.5米。车厢内通常载3人，有时也载2人或4人。一辆战车一般由2匹马或4匹马来拉。每匹马通过一根靷绳拉动车辆。靷绳的一端做成一个绳套，套在马的胸前，另一端连在车厢底部。驭手站在车厢里操纵若干辔绳，驾驭马匹。如果驾2匹马，就在每匹马的马嚼外端各连一根辔绳，由驭手执绳驾驭。如果驾4匹马，就有6根辔绳。中间两马为服马，共有2根辔绳；旁边两马为骖马，每匹马的马嚼两端各有一根辔绳，共为4根。《诗经》中的“六辔在手”的记载，说的正是这种情况。

战车又分为攻车和守车两种类型，《周礼》中记载战车有戎路、广车、阙车、革车、轻车之分。大军事家孙武又将战车分为驰车、革车两类。曹操则明确提出了攻车和守车的概念。攻车，又称驰车、轻车，是用于进攻作战的车辆。它比较轻便，通常驾4匹马，速度快，机动性能好。车上一般乘3人，配备了各种长短兵器和弓箭。3人站成“品”字形，中间突出的人为驭手，握6辔，驾4马，佩剑1把；左为“甲首”，指挥全车作战，有矛、戈、戟、弓箭全套兵器，装备精良，作战时张弓射箭为主；右边称“戎右”，有全套或部分兵器，主要担任侧面钩杀格斗和排除障碍的任务。攻车在作战时能进行快速冲杀和追击。守车，又称革车、重车，通常可载辎重和伤病员等，作战时用来防守。守车一般比较重、大，有的用

商朝马车复原图。商朝马车称辀，基本上由车架、车舆、车轮和轭等组成。

皮革或铜甲片防护。防守、屯驻时，将它们排列环围起来，就构成了防御工事。一般战车下又有若干战斗人员协同作战，还有一些做杂役的人员（徒役）做后勤保障工作，这些统编成为一“乘”。西周时，车下有10～22名战斗人员、5名徒役。春秋时，车下有72名战斗人员、25名徒役。这也是车战时代军队的基本编制单位。

二、车战时代

发生在公元前21世纪末的夏启伐有扈氏之战，是中国历史上的第一次战争。战争开始前，夏启向待命而发的将士们发出庄严的战斗誓言，这就是历史上著名的“甘誓”。夏启在誓词中要求每辆车上的车左、车右和御都恪尽职责，勇敢作战，如果不努力作战，则要“戮于死”。誓词中，只是规定了车兵的任务，并没有提到步兵、骑兵，我们由此推测，这次战争是在战车上进行的。

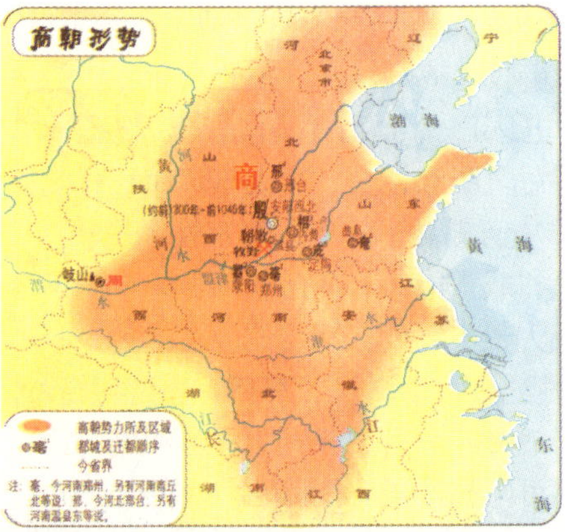

商朝形势图

夏文化因年代悠远，不能详考。据文献记载，商汤起兵攻夏桀时，军中的主要装备是战车。发生于公元前11世纪的著名的牧野之战，展示了早期车战的场景。由于殷纣王的暴政，周武王率领军队前去征讨，双方军队在商都的郊外牧野遭遇。纣王的军队，《史记》上说：“发兵七十万人”，显然失之于夸大，但可以看出，殷军聚集了大量士兵。周军的战车部

周武王像

队为“戎车三百乘，虎贲三千人，甲士四万五千人”，其基本编制与考古资料相符，而甲士的数目偏多；走在前阵的步兵，则是“歌舞以凌”的勇锐的队伍。双方军队的部署，据殷墟考古资料，应当都是两线配置：第一线的步兵按左、中、右列成3个密集方阵，左、右阵为三列纵深，中阵为五列纵深；第二线的战车可能是以25辆为单位的横向编组，排成左、中、右3个平列横队。

会战以军前誓师发布作战命令开始，周军派出军将前往阵前挑战，然后第一线步兵以整齐的方阵队形缓慢推进。接敌后，仍以方阵队形进行格斗搏杀。在如此有力的攻击下，殷军第一线步兵被击败投降，于是，武王率周军第二线的战车队急驰攻击，遂使殷军阵形被突破，导致全线崩溃。

从牧野之战中看出，早期车战中的军队为了保持方阵整齐的攻击能力，步兵和车兵都必须以严正的队形缓慢推进，因此军队的接敌和攻击行动均在统一号令的严格规范之下。正是这一特点，使车战战术相当程式化，一般要待双方列好阵形后，才以击鼓为号，发起攻击，即所谓的“成列而鼓”。尽管这种战术比较呆板，但在广阔的平原战场上，战车横队的攻击力量较之战术同样呆板的步兵方阵仍然要大得多。西周时期对战车的形制进行了改进，正如我国古代著名兵书《司马法》所说，着意于提高战车的综合战术性能，缩短轨距和辕长，加大车辕面积，增加车轮的辐条数，关键部位增加青铜紧固件，从而提高了战车的固定性和机动性；战车普遍采用四马驾挽，增大了战车的车速和载重能力。在此基础上，以战车为中心组建部队，从此，车战取代了步战而成为最主要的作战方式。

至春秋战国之际，诸侯国之间连年发生战争，每个诸侯国都拥有大量的战车，春秋乃至战国中期，车战是战争中的主要作战方式。在漫长的400多年里，驷马战车奔驰在中原土地上，在战争中发挥着不可阻挡的威势。《诗经·秦风·小戎》

生动地歌颂了当时战车兵的英姿。

小戎俴收，（兵车儿短小真灵巧，）
五楘梁辀。（花皮条五处把车辕绞。）
游环胁驱，（缰绳穿过活环控制住骖马，）
阴靷鋈续。（银圈儿把行车的皮条来扣牢。）
文茵畅毂，（虎皮毯铺在长毂的车儿上，）
驾我骐馵。（驾的骐纹白腿的马儿多俊爽。）
……
俴驷孔群，（薄金甲的四匹马儿多威风，）
厹矛鋈錞。（三隅矛杆下装着白银镈。）
蒙伐有苑，（盾牌上画着那杂羽纹，）
虎韔镂膺。（刻金的虎皮弓囊前面多鲜明。）
交韔二弓，（两架弓交错地放在弓囊中，）
竹闭绲縢。（竹儿撑紧它，绳儿把它捆。）
……

这首诗歌赞扬了秦襄公（公元前777—前765年）时期秦国的军容，形象地描述了当时使用驷马战车以及车战用的兵器，同时反映了当时军队的主力是战车部队的史实。

考古工作者曾在陕西省张家坡、北京琉璃河、山东省胶县西庵等处发掘了西周时期的马车，在河南省陕县上村岭等地发掘了东周时期的马车，在河南省辉县、淮阳、洛阳中州路等处发掘了战国时期的马车。据文献记载，西周灭商时，全军只有战车300乘。但到春秋时期，一个诸侯国作战出动的战车数量就已远远超过300乘。公元前632年发生的晋楚城濮之战，晋军的战车多达700乘。公元前529年，晋在邾国南部检阅军队，出动的战车多达4000乘。同年平丘会盟以前，晋叔

陕西省张家坡西周墓地车具

河南省陕县上村岭墓地东周车马坑

向曾威胁鲁国说："寡君有甲车四千乘在，虽以无道行之，必可畏也。况其率道，其何敌之有?"说明4000乘战车大概是当时晋国总的兵力。《孙子兵法·作战篇》记载："凡用兵之法，驰车千驷，革车千乘，带甲十万，千里馈粮，则内外之费，宾客之用，胶漆之材，车甲之奉，日费千金，然后十万之师举矣。"论述了兵车作战时，把战车千乘视为基本的兵力。直到骑兵已经组建的战国时期，赵将李牧组建军队时，仍把战车兵视为主力的一部分，并把10万军队中战车的乘数提高到1300乘，比《孙子兵法》10万军中战车所占比例还高。

当时战车上的乘员、兵器的配备和马的防护装具，可以从湖北省随县曾侯乙墓出土的战国早期的竹简简文中有所了解。曾侯乙墓共发现了200多枚竹简，竹简中详细地记录了丧仪时所用的车马兵甲，这些车马的实物没有葬入墓中，但所记录的兵器和人、马用的甲，可同墓中出土的青铜兵器、皮甲胄相对照。当时的驷马战车，每辆车上乘员3名，一人为御，每人装备一具甲及胄，甲分"吴甲"和"楚甲"两种。战车上配备的远射兵器有秦弓、矢和各种装饰精美的矢箙；格斗兵器有戟、戈等；防护装具，除甲胄外，还有画盾、䶡盾等。车上竖有旆。除了战车上乘员的防护装具，战马也有防护装备。随县擂鼓墩一号墓出土的大量皮甲片中有用来编缀马甲的甲片。据曾侯乙墓出土的竹简中记载，当时的马甲有彤甲、画甲、漆甲、素甲4种。有的战车的辕马身上披以虎皮，城濮之战中击溃楚军的晋将胥臣就是这样做的。这时期还出现了为保护辕马而用青铜制成的防护装具。

战车的指挥系统安置在主将和各级将领的车上。一种是标明主将指挥位置的

一车四马战国战车复原模型

大旗，一种是指挥进攻的鼓。河南淮阳马鞍冢楚墓车马坑发现插在战车上的旗的遗迹，23号战车上原插有一面旗，旗上缀饰海贝，都用线缀成四瓣的花纹，排列整齐。同时，在4号和7号战车上都发现铜质的插旗筒。插旗筒的发现，为我们提供了古代战车上旗的插法的实物资料。旗呈倾斜状插在车舆后部，这种放置法一是减少了大旗垂直竖立形成的阻力，二是不妨碍乘员进行战斗。

鼓对指挥战争十分重要。战车就是跟着主将的鼓声行动。战斗开始以后，主将不论遇到什么情况，都要保证鼓声不停，这样才能保证军队所向无敌。《左传》中描述赵简子在“铁之战”中击败郑军以后，曾夸口说：“我伏在弓袋上吐血，但鼓声不衰，今天我的功劳最大。”从甲骨文和金文中鼓字的象形字看，战车上的鼓是横悬的，但鼓在战车上究竟怎样放置才能不影响主将的视线并与敌人搏斗时又便于使用，还有待于今后在考古发掘中进一步探究。

古代的双轮单辕马拉战车，以及与之配套的青铜兵器及防护装具，是我国青铜时代军事技术装备的代表。战车在古代战争中，首先，增强了军队的机动性，并具有一定的冲击能力；其次，车上乘员配备的兵器和防护装具，特别是锐利的青铜兵器，发挥了当时兵器最大的威力；再次，战车上装备旗、鼓等指挥用具，方便了部队通讯联络，保证了战斗指挥。因此，战车部队具有很大的威力。但是，战车本身也有很多难以克服的弱点。一辆战车宽约3米，驾上马匹后全长也是3米左右，一辆驾马战车总面积达9平方米。再加上大轮短厢，非常笨重，用单辕衡上的轭驾马，全靠马缰来控制4匹马，

镶嵌卷云纹羊首车害。这是秦国的车害。这种用羊首做车害装饰的车，是战国的标志。

秦始皇出行专用车。按照古代的观念，圆形车盖象征天，方形车厢象征地，有30根辐条的车轮象征日月的光芒。

很难在战斗中变换队形灵活作战。不算车体本身的重量，仅3名乘员和他们的装备至少重250千克以上。为了保持车的平衡，需加长车毂，但车毂过长，稍不注意便会被缠在一起，导致战斗失败。战国时齐田单"断轴木而傅铁笼"保全族人的故事，正是反映出车毂长而不利作战的事实。战车前由4匹辕马驾驭，中间两匹马是用缚在衡上的轭驾在车上，两旁的骖马则靠皮条等牵引车辆，同时还需借助游环等办法控制它，使之不离开车辆，驾驭极为困难。御者双手执六辔（服马两辔，骖马一辔，四马共六辔。中间的两匹称"服马"，两侧的两匹称"骖马"），除非接受过较长时间的专门训练，否则是难以胜任的。车体笨重，驾驭困难，加上车体长，全车面积大，再加上当时弓矢的射程有限，因此临时改变战斗队形是很难做到的。同时只能选择空旷平坦的原野，才能较好地展开战斗队形并发挥战车的威力。如果遇到山林沼泽等复杂的地形，就失去了战斗能力。公元前709年，晋军和翼侯战斗于汾隰，翼侯的战车遭到晋军的追击，骖马为物所挂，车子无法行动，因而车上的人员全成了俘虏。战车的特点，对战斗队形、作战方式起了决定性的作用。

秦、汉以后，虽然仍有人利用车战破敌，如西汉"夏侯婴破李由军于雍丘，以兵车趣战，疾破之"，但这一时期兵车的作用已发生了变化。汉武帝时，令大将军卫青出塞抗击匈奴，卫青"以武刚车，自环为营"。但是，这些兵车"则是以

矛刃车軎。车轴两端装有矛刃，战车行进时，矛刃可杀伤敌方的马腿和步兵腿。

秦陵1号铜车马。在秦代和汉初，战车兵业已衰落，主要是作为军队中的快速机动力量协同步兵作战。同时，将帅仍然普遍乘车，将帅的近卫队也仍多为车兵。1978年在秦始皇陵的一座陪葬坑中出土了两辆铜质的马车模型，大约是按实物的1/2比例制作的，其中二号铜车马是显贵乘行的安车，一号铜马车是典型的近卫先导车，它与普通战车的最大区别是装有伞盖。

车载米粮、器械，止则环以为营耳。所谓甲士三千，左执弓，右执矛，中执绥之法，已不复存矣”。后世兵车主要用来装载辎重，特别是当出塞远征时，必须随行大量兵车以资军用。458年，魏文帝亲征柔然时，一次出动兵车15万乘，创造了世界战争史上兵车参战的最高纪录。

宋代，北方少数民族崛起，女真、辽、西夏诸部都擅长骑射。每当发生战争，少数民族军队长驱直入，宋军难以抵挡，于是一些军事家主张重建车兵，用来抵挡骑兵。李纲是北宋末年一位有军事才略的大将，他在金军侵汴梁之时，采用统制官张行中发明的战车，给京东、京西两路军队教习使用。这种战车“双轮两竿，上载弓弩，又设皮篱，以捍矢石；下设铁裙，以卫人足”。每车用卒25人，“四人推竿以运车，一人登车以发矢，余则持军器夹车之两旁”。宿营时，用铁索横联，充当防御工事。后来魏胜创造了一种如意战车，“上为兽面木牌，火枪数十，垂毡幕软牌，每车用两人推毂，可蔽五十人”。火器出现以后，出现了许多种装载火器、盾牌的战车。自1447年朱冕创议用“火车备战”以后，直到明末，许多备边将领纷纷倡议建设车营，“藏火于车”，将火器、战车、盾牌三结合，用以出塞，对付北方少数民族的骑兵。明代九边先后装备过正厢车、偏厢车、扇厢车、双轮战车、单轮战车、雷火车、全胜车、鹰扬车、屏风车、冲虏藏轮车、火柜攻敌车、塞门车、火车、霹雳驻车等，但这些战车都是活动的战斗堡垒，当年“车毂错兮短兵接”的时代却一去不复返了。

记录商朝军队编制“王作（师）”的甲骨卜辞

三、车战阵法

车战是青铜兵器时代的主要作战方式。公元前597年，晋楚两军在邲（今河南荥阳东北）交战，楚军恐楚庄王亲自出战有失，全军发起冲锋，“车驰卒奔”，气势磅礴。战争中出现了远程进攻的战略、灵活多变的战术和独特的野战阵法。

使用了战车，可以运输军用物资和作战人员，进行远距离的进攻作战，从而产生了大范围的远程进攻战略。夏初，禹的儿子启袭位，西边的大族有扈氏不服，于是启便率领军队前去攻打。从都城安邑（今山西夏县）出发，在风陵渡一带渡过黄河，向西进至扈地“甘”（今陕西扈县），行程200公里左右。启使用了战车，一举击败了有扈氏。公元前1057年，建都于西部镐京（今陕西西安南）的周武王出兵讨伐暴虐、腐化的商纣王，发动了著名的牧野之战。他趁商军主力远在东部攻打弱小部族之机，率领战车300辆、虎贲3000人、甲士4.5万人，联合庸、蜀、羌、髳、微、卢、彭、濮等国军队，从镐京出发，向东至孟津（今河南孟津县西南），北渡黄河，突然进至商都朝歌（今河南淇县）郊外牧野，行程5000多里。大量周军突然出现，商纣王措手不及，只好临时组织17万刑徒仓促应战。结果刑徒又纷纷倒戈，商纣王终于兵败身亡。

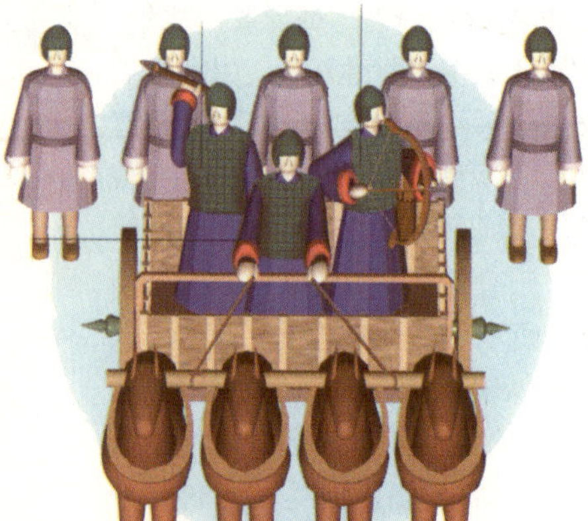

商朝战车的兵士配备图。商朝的战车乘员中，射手最受重视，是一车之首。新的射手要经过严格的训练，才可以成为合格的射手。正因为射手的地位重要，所以“射”在商朝也是战车的代称。

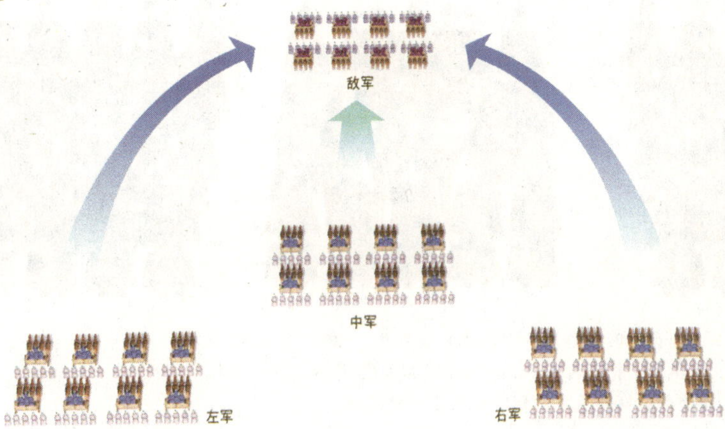

商朝三师战法示意图。三师主要是把军队分成三部分作战。三师中，中军是主力，左、右军为两翼。进攻时，中军从正面攻击，左、右两翼从侧面包抄。

进行车战，非常讲究野战阵法。“阵”同“陈”，原意是指战车和步兵的排列，也就是军队的战斗队形。春秋战国时期各种大的军事行动无不与阵联系在一起，所谓“军阵”，就是指军队在投入战斗时，根据地形和敌我态势而配置的一定的队形。这种队形，从最基本的一卒、一伍开始，一直到全队、全军，都要做到“立卒伍，定行列，正纵横”，按照一定的军事规范来进行部署。所以，军阵就是各种战斗队形的排列和组合。每一次作战的实施过程，都是以己方一定的阵列去冲击敌方的阵列，或是以己方的阵列去迎击敌方阵列的进攻。严整而适当的队形是发挥军队整体战斗力、实现指挥意图所必须的条件。

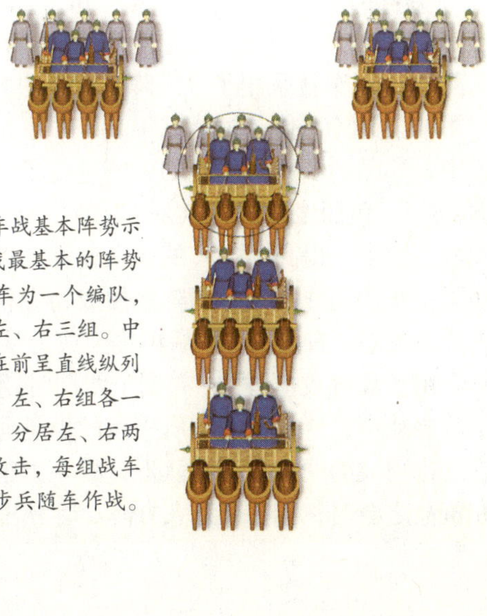

商朝车战基本阵势示意图。车战最基本的阵势是以五辆车为一个编队，分成中、左、右三组。中组三辆车在前呈直线纵列冲击敌方，左、右组各一辆车在后，分居左、右两翼，策应攻击，每组战车后的五名步兵随车作战。

春秋战国时期的军队在投入战斗时所集结的队形总是排列整齐的方形（拒），所以称为方阵。方阵正面作战，

春秋时期车兵的战斗队形。春秋时期作战队形的基本编制是：一辆战车75人（或100人），其中3人为甲士，在车上；余下的72人为步卒，在战车周围组成3个方阵，构成一个基本战斗队形，若干个这样的基本队形就组成了一个军阵。

有两个基本战术动作。交战开始，军队在震耳欲聋的鼓声指挥和激励下，整齐而缓慢地向前推进，战车不能飞驰，士卒不能奔跑，同时张弓射箭并抛掷石球、石块，待双方军队接触后便展开格斗厮杀。周武王曾要求军队每走六步、七步就要停下来看齐，每击打四下、五下、六下、七下就要停一停整顿队伍，可见队形是否整齐是十分重要的。其次，一旦发现敌方队形混乱或者溃退时，要进行大规模冲锋、追击。大量战车向前急驰，无数步兵争先飞奔，其势锐不可当。牧野之战中，周太师姜尚曾率“大卒”车兵“驰之”，冲锋陷阵，杀得商兵溃不成军。

方阵的基本形式有“三阵”和“五阵”两种。春秋初中期大都采用“三阵”。“三阵”是由中军、左拒、右拒三个方阵配置成的正面横向队形。公元前707年的繻葛之战,郑军就采用了“三阵”，“曼伯为右拒，祭仲足为左拒，原繁、高渠弥以中军奉公”（《左传·桓公五年》），中军是主力，以左、右两翼为掩护。在这次战役中，郑国的子元对传统的三阵进行了改进，“先偏后伍，伍承弥缝”，布成“鱼丽之阵”。鱼丽之阵的特点是：取消了原配置在战车前面的第一线步兵横队，把战车放在前列，提高了方阵的运动速度；将步卒疏散配置在战车的两侧和后方，密切了步车协同作战。鱼丽阵法便成为春秋初中期方阵的标志。此战，郑军首先攻击周军的左、右两翼，然后再集中兵力从三面攻击周军中军。说明当时的“三阵”已采用了翼侧攻击方法，有别于西周时期平行推进的正面进攻。公元前575年，在鄢陵之战中，晋、楚两军所采用的也是典型的三军阵，其中军都是由精锐的“王族”排列成的“大纵深”队形，战斗力很强。春秋后期，三阵仍然流行。如吴国在黄池之会时，列3个万人方阵。春秋末年的诸侯大会盟，吴王夫差与晋侯争做

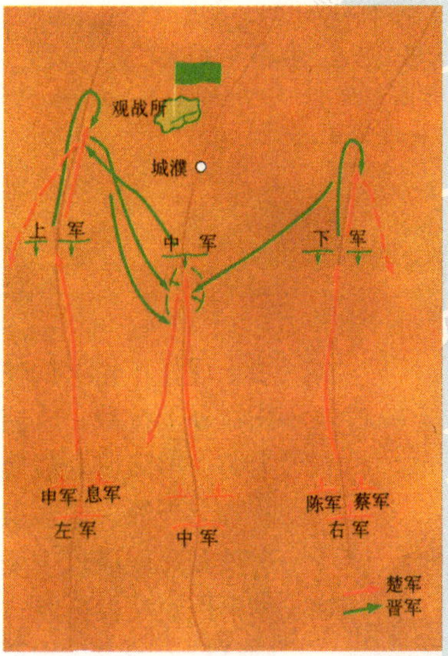

城濮之战侧翼攻击法。晋国上、中、下三军与楚国左、中、右三军对峙时，楚军的中军力量最强，晋军为避开强军，先以下军击败楚军右翼较弱的陈蔡联军，同时，晋上军伪退，引诱楚左军追击，晋的上、中军合击，击溃左军，使楚中军失去左、右翼的保护，不战而败。

盟主，将吴军3万人列成左、中、右三个大方阵，以显示军威。每阵纵横各100人，共1万人。方阵内部又按作战要求构成一定的关系。陕西临潼秦兵马俑2号坑，也是一个东西向的大长方形兵阵。它编成了左、中、右三路，又有前锋、阵体和后卫之别。

“五阵”出现于春秋后期，它的前身是一种呈前、后、左、右、中排列的行军队形。公元前541年，晋将魏舒在一次与狄人的遭遇战中，将它临时改编为作战队形使用了。当时由于是在狭窄的隘道里，战车无法展开，所以便“毁车以为行”，把甲士和步卒混编成5个方阵，按前拒和前、后、左、右5个方位配置，组成了第一个独立的步兵方阵。五阵的特点是有较大的纵深，各方阵之间易于实行兵力机动，可互相掩护。五阵不仅适用于步兵作战，由于春秋后期的战车实行75人制，隶属步兵，所以五阵这种大纵深的疏散配置也便于战车部队展开，可充分发挥兵器威力，并提高了对复杂地形的适应能力。五阵的盛行时间很长。如楚汉战争中的垓下之战，名将韩信就是以“五军阵”大破项羽的。当时楚军气势汹汹而来，实行正面攻击，韩信则令中军后缩，避其锐气，而将两翼展开实施侧击，从而完成了合围，击败了楚军。在春秋后期和战国时期，由于骑兵和独立战车部队（不隶属步卒）的组建，还出现了用于纵队进攻的“雁行之阵”。雁行之阵是纵队在行进中逐次展开成攻击队形的阵形，适宜于骑兵和战车部队实施追击。

战国时期阵形的名目繁多，据《孙膑兵法》“十阵”所列，就有方、圆、疏、数、锥行、雁行、钩行、玄襄8种，但其基本形态仍然是方阵。战国时期的方阵队形仍然是采取三阵和五阵。

方阵的防御形态就是圆阵。它将方阵中的战车首尾连成环形，拴缚住马匹，用土埋住车轮下部使之固定，以此作为防守的主要屏障和阵地，步卒以战车为依托在外围接敌，这便组成了防御阵形。然后要在车前地面撒上带尖刺的蒺藜，作为第一道障碍。最后还要将全体作战人员组织好，配备各种兵器，依托战车进行防守。当敌人进入蒺藜地带时，则集中力量射杀，务求大量杀伤敌人。当敌人越过蒺藜障碍进攻主要的战车阵地时，作战人员便依托战车先使用长兵器格斗，近则再用短兵器厮杀；前面的人倒下了，后面的人必须立即补上去，顽强战斗，直到将敌人的进攻完全阻止。圆阵将疏散的方阵迅速收拢为密集的防御圈，使军阵只有弧形的正面，而没有较薄弱的侧翼，免除了侧翼遭袭击的危险。没有翼侧，防御正面最小，最适于实施野战防御，在春秋战国时期被广泛使用。

当时的军阵，如以作战姿势分类，还可以分为立阵和坐阵。立阵，就是采取立姿作战的战斗队形；坐阵，就是采取跪姿作战的队形。立阵与坐阵基本上均与步兵作战相联系，当属步兵重新崛起后的产物。其中立阵当为进攻队形，坐阵则用于防御。在战车队形中配属的步兵，要根据不同的情况，及时变换作战姿态，所谓“立陈，所以行也；坐陈，所以止也。立坐之陈，相参进止”（《尉缭子·兵令上》）。根据《司马法》的记述，当军队进行防御时，圆阵外围的步兵要列成密集的环形防御圈，就要采取坐姿。

车战是以阵战的形式进行的，所以车战的战术就是方阵战术。作为典型的阵地作战，车战特别适合于当时争霸战争的中心地带——中原地区的地理环境。从《左传》等典籍所反映的史实来看，当时车战的实施一般要经历四个程序：“一次”，或称军合，即敌对两军开进预定战场后首先扎营集结，准备约期会战。“二致”，或称致师，即以单车或少量部队对敌进行挑战。“三阵”，即列阵，根据兵力与敌方情况，将军队部署为军阵，准备交锋。“四战”，即两军展开决战，以定胜负。

车战交锋的方式大致有三种：一是先敌发动进攻，攻击敌阵，邲之战中楚军攻击晋军即采用了此法。二是固守阵形以待敌人来攻，长勺之战中鲁军的作战指导

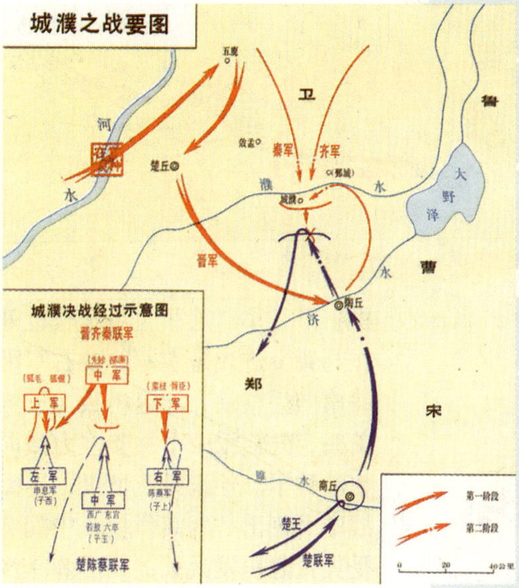

即如此。三是双方同时发起攻击。通常来说，当时的车战持续时间并不长，几个时辰，最多一天就见分晓。只有极个别情况是当天未决胜负，夜间暂行休战，以待次日再战，如鄢陵之战。

车战阵形在春秋时期的发展，不但表现为交战双方已普遍地采用了三军阵、五军阵，而且也表现为军阵内部车步兵力配置、战术协同、武器装备配置、实施机动等方面的日益合理化。

由于阵形从密集队形逐渐改为疏散的配置，部队交战时的机动性增强。这反映在进攻的方式上，就是速度的加快，攻击力的加强，即由传统的保持队形、徐缓推进，向快速进击的方向过渡，形成了“疾进师，车驰卒奔”、“车骤徒趋”的攻击场面，出现了初步的野战防御方法。在这一时期，次军（军队屯驻）已设营垒。这些营垒一般都设有障碍物，能够阻碍或迟滞敌方战车的冲击，即所谓“深垒固军以待之”，它在一定程度上起到了使己方避免在不利条件下交战的防御作用。

随着战术观念的变化，一些灵活多变的战术纷纷产生了，早期战争重信轻诈的传统开始受到冲击，趁对方尚未列好阵形就发起攻击的现象时有发生。另外，战车阵地战开始运用多种较为灵活机动的作战方法。包括迂回侧后，攻其不虞；出其不意，晦日进兵；欲取先予，乱敌阵形；避实击虚，由弱及强；诱敌冒进，侧翼夹击等等。郑卫北制之战中出现了“迂回”战术。公元前718年，郑庄公为报过去战败之仇而进攻卫国，卫国借南燕军与郑战。郑庄公将三军布置在正面，另派军队迂回绕到北制（今河南汜水西），对其背后进行袭击，大获全胜。晋楚城濮之战中运用了“诈退诱敌、侧击、夹击”战术。公元前632年，晋楚两国为争夺中原霸主地位，在城濮（今山东鄄城临濮集）拉开战幕。晋军先轸为元帅，列上、中、下三军。楚军主将子玉也列左、中、右三军相对。先轸首先派下军用虎皮蒙在马背上进攻楚右军，楚右军因马匹惊怯逃散而溃败。同时命上军高竖起两面主将旗向后移动，诈退诱敌。子玉果然中计，令全军出击。当楚左军前出至晋军阵前时，先轸派中军一支主力横向侧击之，同时上军也配合中军夹击，楚左军很快也溃败了。子玉见此情景，连忙收回中军退走。从此晋国称霸中原。吴越笠泽之战中又创出“两翼佯攻，中间突破”的战术。公元前478年，越王勾践趁吴国遭受灾荒之机发兵灭吴，沿笠泽江（今江苏境内吴淞江，俗名苏州河）南岸摆下三军。吴王夫差也连忙在北岸部署了三军，与之夹江对阵。夜晚，勾践靠夜幕掩护，派出左右两支“句卒”小部队击鼓呐喊，佯装渡河进攻。夫差不明情况，急命左右两军迎击。勾践却集中三军悄悄地过了河，突然击鼓进攻吴中军。吴军顿时大乱败退，并接连战败。最后，吴国被越国灭亡了。

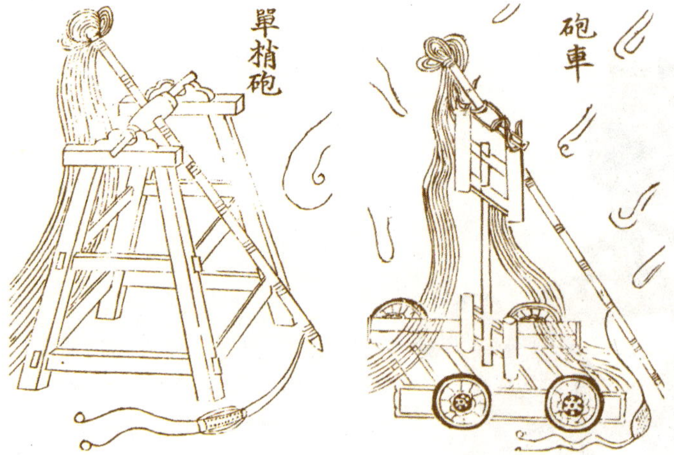

《武经总要》上的单梢炮、炮车。

四、大型作战器械

古代作战，有许多大型作战器械，用来攻击一些大而坚固的目标。特别在攻守城作战中，它们的作用更加显著。大型作战器械主要有抛石机、楼车、轒輼车、云梯等。

抛石机，又叫“砲”，是抛掷大石球、大石块的威力很大的远距离打击兵器。正因为是抛掷石球、石块，所以当时的“砲”为“石”字旁。直到火药应用以后，才逐步变成了“火”字旁的“炮”。抛石机是由原始投石器发展而来的。相传，春秋时期《范蠡兵法》中已有“飞石重十二斤，为机发，行三百步”的内容。抛石机由抛杆、抛架和机索三部分构成。抛杆，也叫“梢”，是用来抛掷石球、石块的重要部件。它由一根优质长圆木做成，称“单梢”；有的也用两根以上的长木料结合而成，称“双梢”、“三梢”等。抛杆中部以下的地方装有一个横轴，放置在抛架上，可使抛杆两端自如地上下移动。抛杆轴以上较长的那一部分的顶端，连有一副皮兜绳，用来扣放石球、石块。皮兜又叫“窠”，比较大，可放置一个或数个石球、石块。皮兜的一端连有一根或两根绳索，专用以扣搭抛杆。抛杆轴以下较短的那一部分的顶端，则连有许多机索。抛架是支撑部件，它的上部有安放抛杆横轴的地方，称“鹿耳”。其下部为支撑架，有将根部埋在地下站立的独木架，也有放置在地面上的四腿支架。机索是传递动力的部件，由数十根甚至上百根绳索组成，每根绳索需要1～2人拉拽。使用时，先在皮兜里放上石球、石块，把皮兜上的绳索打成环并扣压在

楼车模型。楼车，又叫临车，用以观察城中敌情，发射箭矢，掩护攻城人员攀登城墙。车的形制是，在八轮车上竖高竿，竿上安辘轳，辘轳下以粗绳吊一小屋，屋内可容数名射手。攻城时，射手占据有利位置，也可以运送士兵。

抛杆顶端，再通过人力拉住机索将石球、石块略微提起，最后发出统一号令，众人猛拉机索，抛杆翻起，就能将石球抛向远方。

楼车，是一种攻坚战用的瞭望车，因为车上高悬望楼，形状“如鸟之巢”，所以又叫巢车。在杜佑《通典》卷160中，记载着巢车的构造：“以八轮车，上竖高竿，竿上安辘轳，以绳挽板屋，止竿首，以窥城中。板屋方四尺，高五尺，有十二孔，四面别布，车可进退，环城而行。”攻城时，人在板屋里，用辘轳提升至竿顶，可以瞭望城中守敌的动态。公元前594年春，楚庄王发兵攻宋。宋国兵微将寡，抵御不住楚军的攻势，形势很危急。于是，宋文公派使者去晋国搬兵求救。其实，当时的晋国也惹不起楚国，不愿出兵和楚军作战。但是，又怕宋国屈服于楚，破坏了晋楚力量的平衡。晋国群臣经过一番争论，最后确定派解扬为使臣，到宋国劝说宋文公不要投降。解扬说：“晋国已经全军出动，即将到达宋国”，以此拖延时间，静观事变。不料，使者途中被郑人捉住，献给了楚国。楚王送给解扬大量财宝，让他赶快向宋人说晋

《武经总要》中的巢车

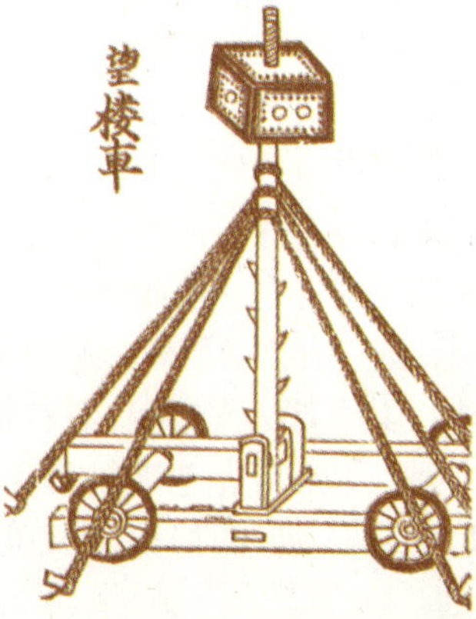

《武经总要》中的望楼车

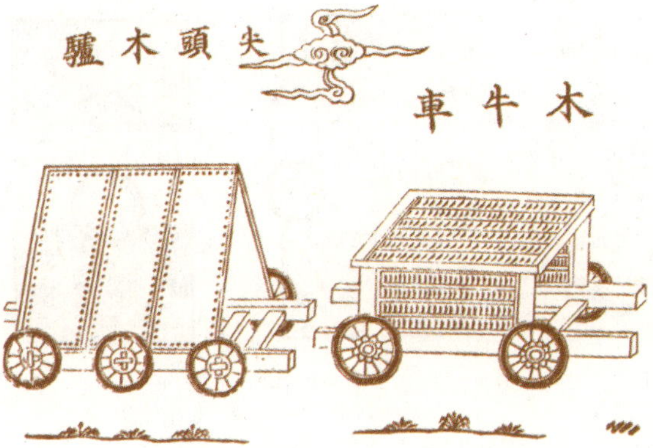

《武经总要》中的木牛车、尖头木驴。

《武经总要》上的轒辒车。这是攻城时用以掩护兵士抵近城池的棚具，所谓“牛皮洞子”即属此类。

国不派援军了。解扬不肯，楚庄王再三要他说，他应允了。可是，他登上楼车后却向城中宋人宣告：“晋国已出动全部兵马，请宋国军民坚守待援，千万不要向楚国屈服。”楚军围攻数月不克，最后兵退三十里，与宋军议和撤军。通过这则历史故事可以看出，至少在春秋时代，我国军队中就已装备了“高与城齐”的楼车。公元前575年鄢陵之战时，楚共王曾在太宰伯犁陪同下，亲登巢车窥敌。由此看来，车上的板屋至少可以容纳两个人。

汉朝与匈奴作战时，制造了许多楼车，用来观察动静。23年王莽围昆阳时，制造了高十余丈的大型楼车，称为云车。

到了宋代，楼车分为两类。除了原来可以上下提升的巢车外，又出现了一种望楼固定在高竿上的望楼车。望楼车有四轮车底座，上面竖一高竿，称“望竿”。它周身有脚蹬，最高处有一望楼，用以载人瞭望。望楼四面开有瞭望孔，并蒙皮革防护。架设时，还要用绳索和橛子固定。据《武经总要》卷10载：“上建望竿，长四十五尺”，望楼建于竿上，“下施转轴”，可以四面活动观察。观察者踏着木竿上钉的木橛，攀登到楼上观察敌情。这种望楼车比巢车高大，架设时，要用粗绳6根分3层固定在揳入地内的铁环橛上。

登高方能远瞩。为了扩大观察视野，古代战争中，设置高大的敌楼、楼车和敌塔，用来窥探敌军的动态。今天，尽管观察器材有了很大的改进，但是瞭望塔、

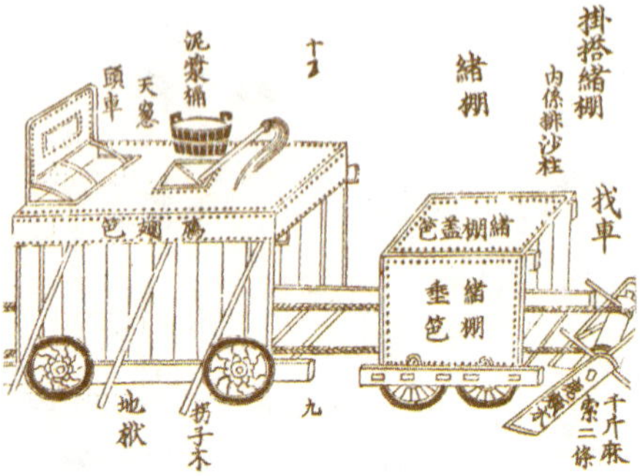

《武经总要》中的挂搭绪棚车

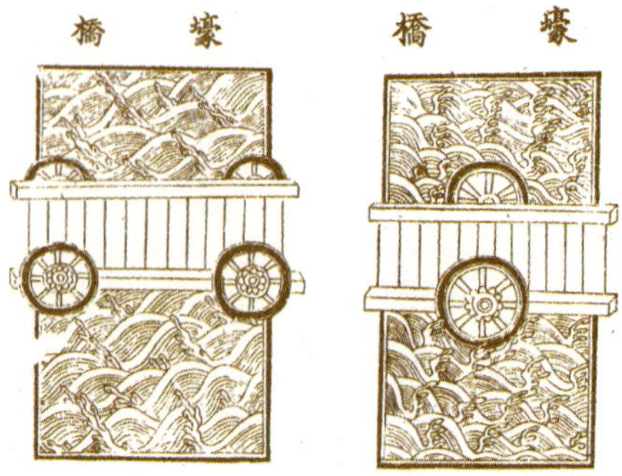

《武经总要》中的壕桥

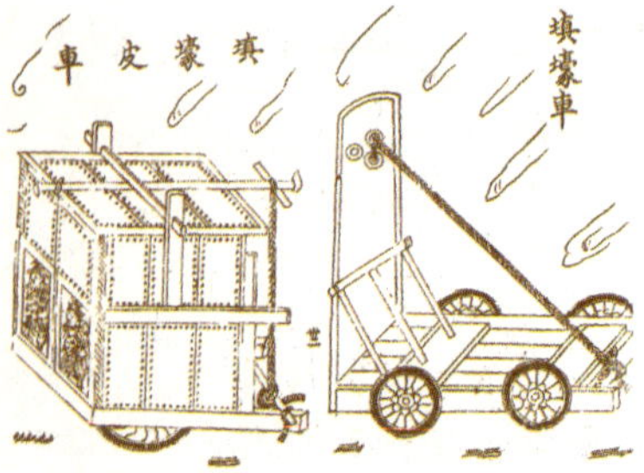

《武经总要》中的填壕车。这是用来填埋城墙周围护城壕所使用的一种装甲车。填壕车载有石、土、木等，当车到达护城壕时，把填壕物投入壕内，把城壕填平，以便军队进攻。

塔台仍然部分地保留着当年楼车的遗痕。

镀辒车，是一种有坚固防护的攻城作业车。据杜牧《孙子注》记载：“镀辒四轮车，排大木为上，上蒙以生牛皮，下可容十人，往来运土填堑，木石所不能伤，今所谓木驴也。”唐杜佑《通典》也有类似的记载：“攻城战具：作四轮车，上以绳为脊，生牛皮蒙之。下可藏十人，填隍推之，直抵城下，可以攻掘，金火木石所不败。”春秋时期镀辒车就较普遍了。古代攻城作战，经常需要抵近破坏城墙、城门，或者挖地道等。如果没有相应的防护措施，进行这些作业就容易遭到来自城上的箭、石等兵器的攻击，十分危险。使用镀辒车作业，就比较安全。镀辒车也有一个多轮的车底座，上面两侧和顶部用木板做成垂直的两壁和两面坡式的顶为防护，外面还蒙以坚实的皮革，前后透空，车内可容10多人。作业时，将车推至城下，人在车内进行作业。城上射来的箭、砸下的石块等均能被车顶、壁遮挡住，不会伤害车内人员。以后还出现了其他不同形状的镀辒车，平顶的叫“木牛车”，两壁向内倾斜成夹角的叫“尖头木驴”。

到了宋代，攻城战车有了很大的发展，出现了一种组合式的攻城战车，叫做“挂搭绪棚车”。这个巨大的攻城战车的前端是一辆独轮的屏风牌，三面能遮挡矢石。牌后为头车，士兵藏于车中，前、后、左、右和头上均用坚厚的木板防护。车上有天窗，“容人上下”。车顶前方“施屏风笆，中开箭窗”，士兵“于笆内射外”。车上设泥浆桶，当城上守敌施火时，以泥浆防火。“凡攻城，凿地道，以车蔽人，先于百步内，以矢石击当面守城人，使不能立，乃至壕外进车。”车中兵士利用绞车和

云梯。云梯在当时已经发展为两段式，以转轴将两段连在一起，固定在六轮车架上。梯首有双钩，可钩住城墙，以助攻城战士迅速攀登。车架有木棚，棚板外蒙以生牛皮，攻城者在棚内推车接近城墙时，可免矢石伤害。

撬杠，使车昂首前进。前进数步后，即以绪棚接续车后，构成一条坚固的战棚。工兵“运土、杂刍蒿”，填塞城壕，来往均在绪棚内，“矢石不能及至”。如此前进，直抵城下。这种将战车、辕辒、战棚组合一体的攻城作业系列车，是宋代军事工程师的一大发明。

云梯，是攀登城墙、寨墙，翻越高障碍物的一种器械，多用于攻城。中国夏、商、西周的时候就有了云梯，当时称“钩援”，即在顶部安装有铜钩的一种木制长梯。春秋战国时，梯身延长了，为搬运方便，安装一副活动轮子，将梯身放在上面。攻城时，先把它推到城墙下，撤掉轮子，竖起斜靠在城墙上就行。以后云梯又有了很大发展，变成了一种车式云梯。这种云梯很大，可以折叠，斜装在一个多轮车底座上，两侧用皮革防护，里面还可以坐人。

塞门刀车。这是一种木制的两轮车，与城门等宽。当城门被破坏，敌人冲入的时候，就用这种车堵塞城门缺口，利用车前锋利的刀击退敌人。

当然，大型作战器械还有很多。有撞击城门、城墙的“撞车”，有防止突破缺口的“塞门刀车”，有跨越壕沟用的“壕桥”，它们都在战争中发挥了巨大的作用。

攻守城战是当时的一种很有特色的作战方式。防守的一方，修筑了城墙并依托它进行作战。最早在重点地区修筑方形城墙，春秋战国以后，又修筑了有大小城、内外城结合的防御工事，战国以至秦、汉、明代还修了长城战略防御工事。防守时，军队排列城上，聚集门内，顽强抵抗。同时还组织有专门的队伍进行出击配合，也另有援军策应作战。而进攻的一方，往往集中兵力将守军团团围住，猛攻。他们或者切断守军的所有外部通道，四面登城突入；或者运用攻城器械攻打，破门、破城而入；或者进行长期围困，待机破城。

第四章 钢铁兵器走上了战争舞台

一、钢铁兵器的出现

早在商代，人们已经懂得利用天然的陨铁，经锻造后用于制作兵器的刃部。在河北藁城台西村的商代遗址中，就曾发现一件青铜钺，用锻成薄片的陨铁作刃，浇铸成一体。至于真正懂得以人工冶炼的铁来制造兵器，是春秋末期的事。通过对目前考古发掘中所获得的中国早期铁器的分析，表明中国的冶铁技术在春秋末期（即公元前6世纪末叶）有很大的突破，可以用低温固体还原法或块炼铁法炼成“块炼铁”，并可利用它再渗碳锻造成钢。同时从春秋末叶起，生铁得到了日益广泛的应用。到战国中晚期，中国已进入大规模用铁的时期。铁的冶炼和使用，标志着新的生产力的出现，中国历史进入了铁器时代。

钢铁冶锻工艺在春秋时一出现，人们就将其用于军事目的，尝试着用它来制造兵器。在甘肃灵台景字坪和湖南长沙，都发现了这一时期的钢剑，前者是嵌在铜柄中的，钢刃残片长仅9厘米；后者附有铜剑格，全长也只有38.4厘米，尚难以作为主要格斗兵器。经鉴定，长沙钢剑所用的钢是含碳量0.5%左右的中碳钢，金相组织比较均匀，可能进行过热处理。据推测，这两件钢剑都是从固态还原的铁，再渗碳锻造而成的。不过那时的钢铁兵器，尚属个别尝试的制作品，并没有在战争中起很大的作用，但已呈现出冷兵器材质改革的新曙光。

战国时期，人们已进一步掌握了块炼铁固态渗碳制钢的方法，并用于研制兵器，于是钢质的矛、戟和剑等兵器较多地出现在战场上。在考古发掘中，在燕和楚两国的疆域之内，都出土过较多的钢铁兵器，特别是在河北易县燕下都遗址的

商代铁刃铜钺。其铁刃是用陨铁为原料经过锻打而成的。铜铁合制兵器的出现，预示着铁器时代将来临。

一座墓葬（44号）内，有22个战死的士卒尸体和许多兵器。出土的兵器以钢铁质料的为主，有剑15件、矛19件、戟12件、小刀1件和匕首4件，还有11件装在矛、戟等长柲尾后的铁镈中。至于青铜兵器，只有戈、剑、弩机各一件，以及19件带有铁铤的三棱铜镞。墓中还出土一顶以铁甲片编成的兜鍪。这一发现，表明了战国晚期燕地钢铁兵器发展的规模。经过检验，剑、矛、戟中确有以块炼铁渗碳的低碳钢制作的，有的还经过淬火，以增强刃部的硬度；另一些是以块锻铁直接锻成的铁制品。此外，在古代文献中，也有当时制作铁兵器的记载。这些都表明，战国末年已有较多的钢铁兵器用于军队实战，不过它还不可能取代青铜兵器，青铜兵器还在继续大量制造并作为军队的主要装备。但是，钢铁兵器的应用已经标志着青铜兵器衰落的命运无可挽回，它们被钢铁兵器最终取代只是时间问题。

二、钢铁兵器的多样化

经过秦末农民大起义、楚汉之争到西汉初期，军队的成分和编制等发生了新的变化，这时农民作为士兵的主要成分。随着汉朝中央集权国家的巩固，从秦时沿袭下来的中央和地方的军事制度已臻于完备，根据地理条件和当地习俗的不同，分别进行了骑兵、步兵和水兵等兵种的组建和训练，特别是为了抵御北方游牧民族的侵扰，更促进了骑兵的产生和发展，这一切都对西汉的兵器制造业提出了更高的要求。

经过文景时期经济的恢复和发展，直到汉武帝时盐铁官制度的建立，使西汉的钢铁冶炼业有了很大的发展，生产规模日益扩大。出现了百炼钢制品，还出现了铸铁固体脱碳成钢法等新工艺和局部淬火新技术，为铜铁兵器的生产提供了物

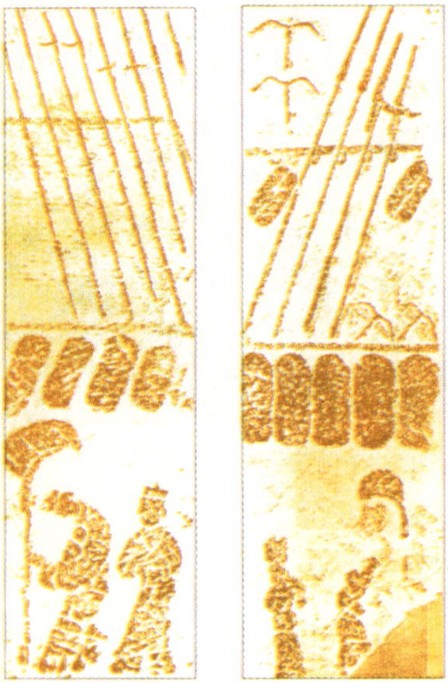

汉画像石上的武库兰锜图，图上描绘的兵器有弩、戟、矛、盾。

质基础和技术手段。在西汉都城长安遗址（今陕西省西安市郊）中，发掘出建于汉高祖刘邦时的武库，这种武库一直沿用到王莽末年，后毁于兵燹。该库是用厚墙圈起来的宏大建筑群，发掘出铁制的刀、剑、戟、矛和斧等，仅铁镞就达1000余件，还有锈结成块的铁铠甲，而出土的青铜兵器数量极少，主要是镞，其数量只有出土铁镞的1/10左右，这说明西汉时已生产了品种齐备的精锐的钢铁兵器，并且已用钢铁制造消耗量大的箭镞，这明显反映出钢铁兵器已基本取代了青铜兵器。

由于钢铁兵器远比青铜兵器锋利和坚韧，以及骑兵和步兵新的战术需要，汉代兵器从类型到形制特点都有了新的变化。

1.进攻性兵器

（1）远射兵器

远射兵器仍以弓和弩为主，但使用的箭已大量采用铁制的镞。在河北满城中山靖王刘胜墓中出土的箭镞，共441枚，其中只有70枚是青铜镞，其余均用钢铁制造。至于青铜镞，也还沿用到东汉时期，主要是三棱锥状的镞，常装有铁铤，当时习惯称为“羊头镞”。

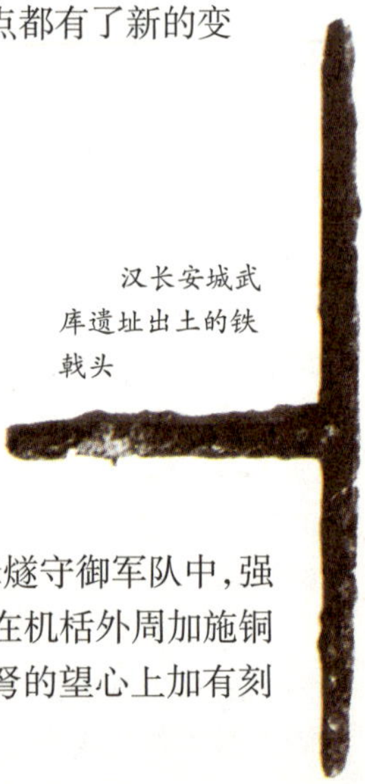

汉长安城武库遗址出土的铁戟头

弩在汉代军队中其重要性超过弓箭，特别在边防的烽燧守御军队中，强弩是主要的远射兵器。汉弩的弩机主要用青铜铸制，但都在机栝外周加施铜廓，以增强弩力。同时，为了提高命中的精确度，在一些弩的望心上加有刻度，用于瞄准，这是一项重要的改进。

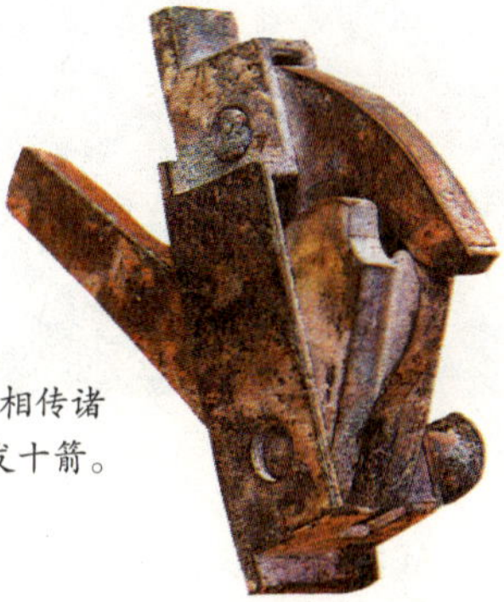

三国时期的弩机，相传诸葛亮革新了弩机，能连发十箭。

西汉时期的铜弩机。山东淄博齐王墓随葬坑出土。

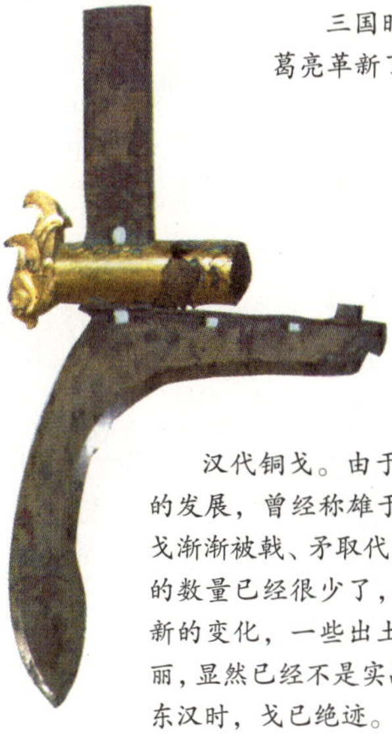

汉代铜戈。由于骑兵和步兵的发展，曾经称雄于车战时代的戈渐渐被戟、矛取代。西汉时，戈的数量已经很少了，形制上也无新的变化，一些出土的戈装饰华丽，显然已经不是实战的兵器。到东汉时，戈已绝迹。

金代铁矛。古时的矛，宋以后多称为枪，是宋代主要的长柄格斗兵器。

（2）格斗兵器

格斗兵器除了材质方面由青铜转向钢铁外，兵器类型和具体形状也有了较大的变化。

戈：殷周时期几乎是每个战士必备的青铜戈，到西汉时期已从战场上消失，被淘汰出兵器的行列，只在少数西汉大墓中发现有形貌华美的铜戈，并附有金质、银质或鎏金的鸳鸯形戈及柲末端的铁镈。表明它们已是王侯的特殊的仪仗器，而不再是实战兵器。

矛：青铜铸制的矛在汉代仍然使用，但更多的是铁制的矛。铁矛的形状与传统的铜矛有较大的差异，多数体长而锋利。同时较多地使用近于剑形的特殊的阔刃铁矛，称为“铩”。铩用于步兵格斗时，它可以装较长的柄，也可装短柄，与盾牌配合使用。

戟：战国至秦大量装备军队的青铜戟，也和青铜戈一样在西汉时被淘汰，类似的青铜戟在西汉墓出土的兵器中只有个别遗留，取代它的是钢铁制作的戟。为

汉代铁短剑。汉代的铁剑基本沿袭了战国末年的形制，亦多为扁茎长剑，但在制作技术上却有很大的提高。东汉时，使用了百炼钢技术锻造钢剑，即用炒钢作为原料，加热后反复折叠锻打，或用数种成分不同的原料反复叠锻。

了锻造方便并便于骑兵冲刺，其具体形状与青铜戟大不相同。战国晚期铁戟出现时是“卜”字形，特点是直刺而前伸，旁枝与刺体垂直横出，也极尖锐。到东汉以后，钢铁戟的旁枝又向上弧曲，更增强了叉刺的功能。直到魏晋时，这种戟几乎是战士必备的标准兵器。

剑：流行于东周时期的青铜剑，逐渐让位于钢铁锻制的长剑，剑体日益窄长而且剑锋更锐利。

刀：西汉时期出现了新型的手握短柄格斗兵器——刀。刀体修长，宽脊薄刃，柄的后端做成扁圆的大环，所以一般称为“环首刀”。这种用于劈砍的环首刀，更适应骑兵和步兵的战斗需要，逐渐代替了铁剑，东汉以后成为主要的手握短柄格斗兵器，与盾牌相配合，一直到南北朝时仍是标准的步兵装备。

钺：青铜钺也从兵器的行列中消失了。在汉代出现了一种由矛（或铩）与钺斧结合而成的新型兵器，在东汉时期的遗址和墓葬中已有发现。

西汉带鞘环首刀，河北满城出土。

金代铁刀。宋金时，刀有短柄、长柄之分。短柄刀已和汉唐以来的形制不同，它不是直身的，而是刃口弧曲，刀头较宽，厚脊薄刃，坚重有力，并带有护手，更适于劈砍。

2. 防护装具

盾牌：汉代除大量以木材、皮革等制造盾牌外，也制造铁盾，以增强防护功效。同时，在东汉时还出现了一种特殊的盾，在铁盾的上下各伸出锐利的铁钩，成为既可进攻又可防护的新型兵器——钩镶。

铠甲：铁制的铠甲这时已经普遍用于装备部队，都是以铁甲片编缀制成的，以较大的长条形甲片编成的称“札甲”，

南北朝时佩刀武士图。魏晋南北朝时期，环首铁刀是使用最为广泛的兵器，不仅用于步兵，而且用于骑兵；不仅为实战格斗兵器，也作为礼仪佩饰，完全取代了原来剑的地位。

以较小的叶状甲片编成的制作细密的称“鱼鳞甲”。在满城西汉墓中出土的一领铠甲，由2859片甲片编成，重16.85千克，工艺精细，是西汉铠甲中的精品。皮甲也还使用，但也仿照铁铠甲片的形制，先制成皮甲片，然后连成整领皮甲。

汉代钢铁兵器的发展，使得钢铁兵器到东汉时期终于代替了青铜兵器，除部分铜弩机和箭镞以外，全被钢铁兵器所取代，至此，青铜兵器向钢铁兵器的过渡已经完成，钢铁兵器进入它的发展期。

钢铁兵器进入发展期的标志，主要是制作技术的日臻完备。一方面表现在钢铁冶炼方面，已由块炼铁锻打渗碳成钢到初级阶段的百炼钢的阶段，发展到以炒钢料锻打的百炼钢，并出现了“杂炼生鍒”的灌钢工艺，提高了钢铁兵器的材质和生产工艺。另一方面，淬火工艺也日臻成熟，三国时蜀丞相诸葛亮让蒲元造刀、取蜀江水淬火的故事，正反映了淬火技术发展的事实，使其所生产的兵器更加锐利。至于兵器的类型方面，大致沿袭着汉代钢铁兵器的传统并有了进一步的发展。两晋以后，特别是南北朝时期，军队的主力是重甲骑兵，因此兵器发展的重点放在改进骑兵装备方面。重甲骑兵的格斗兵器，由马戟逐渐改为长体双刃的马矟，增强了冲刺功效和穿透力，以利于透过牢固的铠甲的防护而杀伤敌人。与此相适应，对人和战马的防护也日趋完备。这时除了人披的铠甲以外，特别注重战马的防护，制造了披在马体上的“具装”铠甲。它由面帘、鸡颈、当胸、马身甲、搭后和寄生等部分构成，使马体得到完备的保护，只有耳朵、眼睛、口鼻和四肢、尾巴露在外面。还使用了改进的马鞍和普遍装备了马镫，使骑兵的威力达到了前所未有的程度。

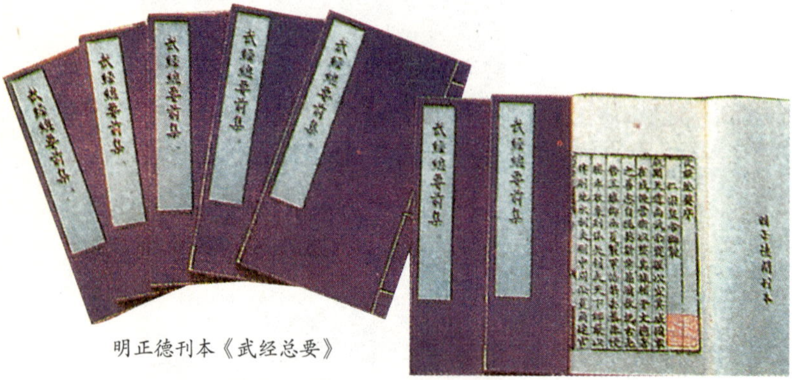

明正德刊本《武经总要》

三、古代兵器的“百科全书”——《武经总要》

北宋庆历四年（1044年）修撰成书的《武经总要》一书，是对汉唐以来传统的冷兵器中当时还装备军队的各种类型以及新发展的兵器及装具进行了总结性的记录。在该书前集第十三卷《器图》中，集中记录了当时军队使用的各种兵器装备，每一件都配有插图。在第十卷至第十二卷，有《攻城法》、《水攻》、《水战》、《守城》等四篇，都详细地记录了与这几种战法有关的兵器装备，还有战船和城防工事的情况，也附有详尽的插图，使各种兵器装具的具体形貌得以展现在人们的面前。从这一角度来看，《武经总要》可以说是中国古代兵器的“百科全书”。

《武经总要》中记录的传统格斗兵器，仍以刀、矛（枪）为主，而剑和戟已从实战兵器中淘汰了，其中剑还保存了两个图形，但注明“今不用于阵，以失其传也”，表明它已是被淘汰的兵器。而戟这一类型，根本就没有出现，更说明它早已从军队的正式装备中被淘汰。另外，出现了各种棒类兵器，表明它们是当时经常装备军队用于实战的。在刀、枪类中，为了适应各种特殊战斗的需要，每类下面又各列出许多分支。如刀有8种，包括手刀、掉刀、屈刀、掩月刀、戟刀、眉尖刀、凤嘴刀和笔刀，其中手刀是手握的短柄刀，其余都装有长柄。枪（矛）有9种，包括双钩枪、单钩枪、环子枪、素木枪、鸦颈枪、锥枪、梭枪、槌枪和大宁笔枪，它们分别用于装备步兵、骑兵，还有的枪无刃，是用于教阅训练用的，如锤枪。各种棒类兵器，除一般的白棒、杆棒外，还有附加尖刃、倒钩、钉头等的特殊形制，如钩棒、抓子棒、杵棒、狼牙棒等，另有一些以链连接几节棒体的特殊兵器，如铁链夹棒、连珠双铁鞭，是从西北少数民族地区传来的兵器类型。

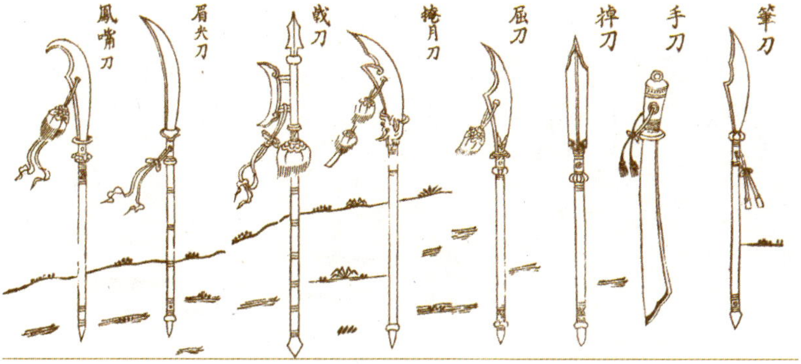

《武经总要》中的凤嘴刀、眉夹刀、戟刀、掩月刀、屈刀、掉刀、手刀、笔刀。

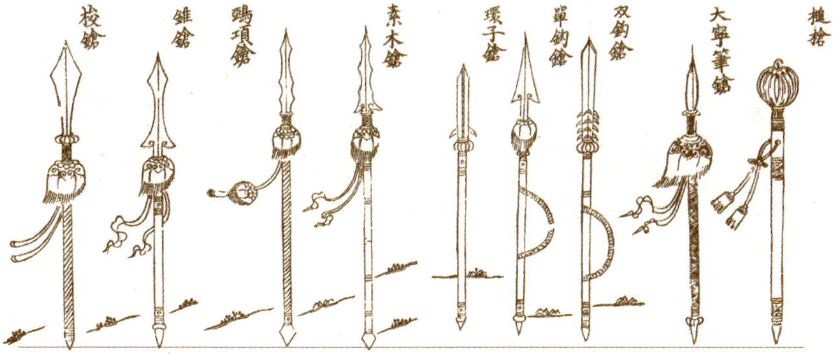

《武经总要》中的梭枪、锥枪、鸦颈枪、素木枪、环子枪、单钩枪、双钩枪、大宁笔枪、槌枪。

《武经总要》中的抓子棒、白棒、杵棒、杆棒、钩棒等。

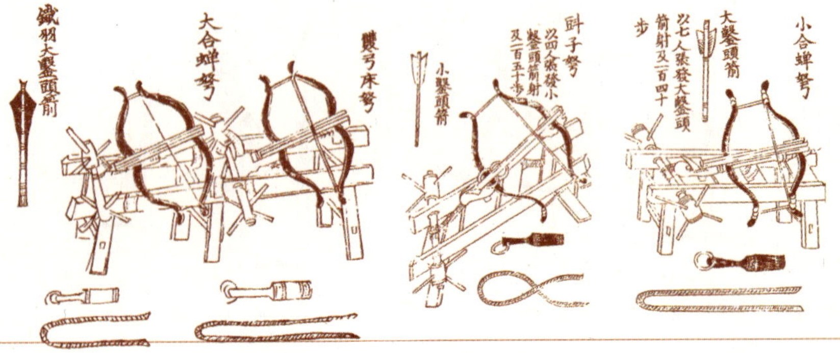

《武经总要》中的大合蝉弩、双弓床弩、斛子弩、小合蝉弩等。

《武经总要》中的虎蹲炮、五梢炮、双梢炮、七梢炮。

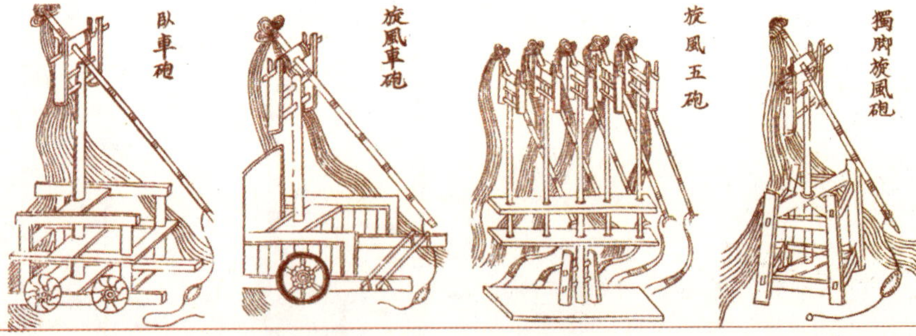

《武经总要》中的卧车炮、旋风车炮、旋风五炮、独角旋风炮。

《武经总要》上的折叠桥。这是攻城时用以跨越城壕的设施，其转轴折叠结构至今仍为战地临时架桥所普遍采用。

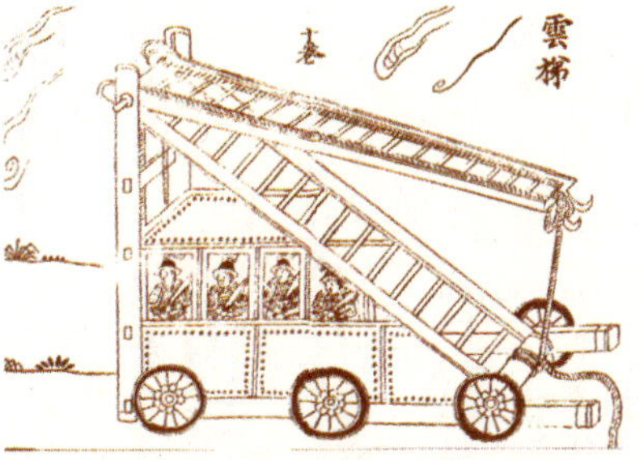

《武经总要》上的云梯图。云梯是用以攀登城墙的攻城器械。宋代云梯采用了中间以转轴连接的折叠式结构，降低了主梯在接敌前的高度，减少了遭受守军破坏的可能；同时扩大了梯底部的空间，能够容纳较多的士兵，并有较强的屏蔽保护功能。

同样用于砸击的兵器还有“骨朵”，是宋代常用的新型兵器，即在直柄上安装一个大体呈圆球形的锤头，依形状不同，又有“蒜头”和“蒺藜”等名目。大量使用砸击类兵器，可能与宋代以步兵对抗骑兵的战斗阵势有关。至于远射兵器，仍以弓箭为主，也使用弩。防护装具有铠甲和马甲，以及步兵和骑兵使用的盾牌。

在《武经总要》中，较突出地记录了当时的重型远射兵器，主要是各种床弩和炮。床弩是以绞车张发的强弩，用几十人甚至以牲畜为动力，因此威力巨大。这种兵器早在《墨子》中就已提及，在唐杜佑《通典》中称为“车弩”。开始时是单弓，用绞车绞张。后来改为复合弓，威力更大。《武经总要》中有双弓和三弓之分，双弓的有“双弓床弩”、“大合蝉弩”、“小合蝉弩”、“斗子弩”，三弓的有“三弓弩”、“次三弓弩”、“手射弩”、“三弓子弩”，其中三弓弩要用70人绞张才能发射，射程200步到300步，约370米~560米。“炮”（砲、礮），就是利用杠杆原理的抛石机具，在火炮发明以前，它是军队中最重型的远射兵器，可以抛发巨大的石弹。据传在春秋时已出现于战场上，三国时曹操使用的“霹雳车”也是这种兵器。这种抛石炮是在巨大的木制炮架上，装有一根可以转动的横轴，横轴上固定着长的炮梢（一根长木杆，中央处固定在轴上），炮梢一端用绳索连着一个用来兜装石弹的皮窝，另一端系上几十根长长的拽索。射击的时候，由一个战士把石弹定置在皮窝上，另外几十个战士猛然地拽动拽索，炮梢一下子反转上来，利用杠杆原理产生的抛力把石弹抛射出去，沿抛物线轨迹射向敌方。在《武经总要》中记录的各种炮，大致有三类：一类是固定放置的，有单梢炮、双梢炮、五梢炮、七梢炮、虎

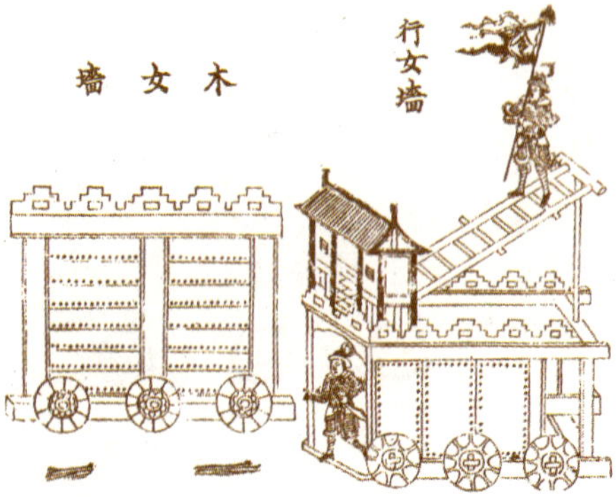

《武经总要》中木女墙、行女墙。

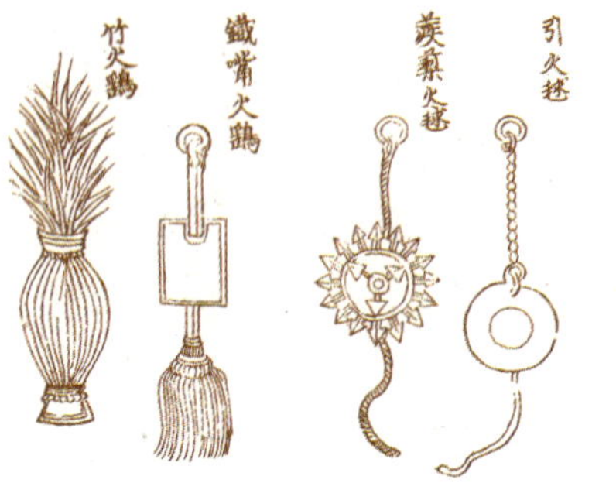

《武经总要》中竹火鹞、铁嘴火鹞、蒺藜火球、引火球。

蹲炮等；另一类炮架可以旋转，改变发射方向，有旋风炮、独脚旋风炮、旋风五炮等；还有一类下面装有车轮，可以随时移动位置，如炮车、旋风炮车、卧车炮、行车炮等。其中威力最大的七梢炮，炮梢由7根巨大的梢材合成，长2丈8尺，需用250人拽索发射，可以把45公斤～50公斤重的石弹抛掷到50步远的地方。

随着筑城技术的提高，出现了更多的专门用于攻城和守城的器械，其中最早出现的登城用的云梯，早在东周晚期就已出现。至北宋时期，冷兵器时期的攻守城器械已经相当完备，《武经总要》中有很详尽的记录。前面讲述过的重型远射兵器床弩和炮，对于攻守双方都是重要的装备。此外在攻城器械方面，主要有用于跨越深壕的壕桥、折叠桥等，攀越高墙的飞梯、云梯等，掩护战士逼近城垣的尖头木驴、木牛车、轒辒车等，登高侦察城内敌情的巢车、望楼车等。守城器械主要用于毁坏敌方的攻具和杀伤敌方登城的士兵，包括各种形状和质料的檑石、檑木及"铁撞木"，用以烧毁攻具的燕尾炬、飞炬、猛火油炬等火攻器械，以及塞补被敌方摧毁的防御工事所用的塞门刀车、木女墙等，还有对付火攻的灭火器材，如各式皮水囊，防御炮石飞矢的垂钟板、蓖篱、皮竹笆等装备。特别值得注意的是，在《武经总要》所列的守城器械中，出现了利用火药制造的兵器，包括火球、火药鞭箭、蒺藜火球、霹雳火球等多种。它们的出现，标志着冷兵器已步入衰落期，并预示着中国古代兵器即将发展到新的阶段，即火器与冷兵器并用的阶段。

四、经典战例

1. 秦赵长平之战

战国中晚期，秦国任用商鞅实行变法，国势日益强盛。它西并巴、蜀，东侵三晋，南攻荆楚，取得军事、政治、外交各方面的胜利，至秦昭王时，秦国已成为战国七雄中实力最强的国家。当时秦周边的韩、魏、燕、赵四国，为了遏制秦的扩张，形成了松散的联盟。四国之中，最强的是赵，最弱的是魏。秦采用“远交近攻”的战略，从公元前268年起，先出兵攻魏，迫使魏亲附于己。接着又大举攻韩，韩王异常恐惧，遂遣使入秦，表示愿意献上党郡（今山西长治）求和。但韩国的上党太守冯亭却不愿意献地入秦，为了促成韩、赵两国联合抗秦，他主动将上党郡献给了赵国。赵王目光短浅，在不计后果的情况下，贪利受地，将上党并入自己的版图。赵国的这一举动，无异从秦国口中夺食，秦王大怒，于公元前261年命左庶长王乾率军攻打上党。上党赵军不敌，退守长平（今山西高平西北）。赵王闻秦军东进，就派大将廉颇率赵军主力抵达长平，以图夺回上党。这样，战国时期规模空前的长平之战的序幕就揭开了。

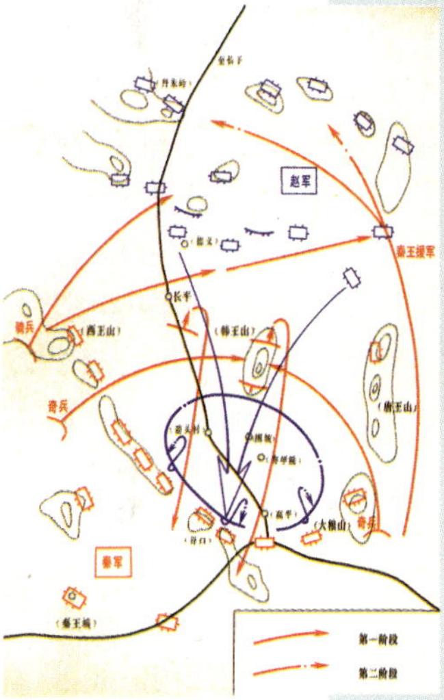
长平之战决战要图

廉颇率赵军主力抵达长平后，即向秦军发起攻击。由于秦强赵弱，赵军连战皆负，损失较大。廉颇及时改变了战略方针，决心转攻为守，依托有利地形，筑垒固守，以逸待劳，使秦军钝兵挫锐，陷于疲惫。廉颇的这一招果然奏效，秦军的进攻势头被抑制了，两军在长平一带相持不决。

为了打破这个不利的僵局，秦国采用离间手段，派人携带千金去邯郸收买赵王的左右权臣，离间赵王与廉颇的关系，并四处散布流言：廉颇防御固守，是快要投降秦军的表现；秦军最害怕的是赵奢的儿子赵括。不谙军情的赵王本来就认为廉颇怯战，听到这些流言后，立刻命令赵括接替廉颇为将。

赵括是一个缺乏实战经验、只知空谈兵法的人。他到了长平后，一反廉颇所为，更换将佐，改变了军中制度，搞得全军官兵离心离德，斗志消沉。他改变了廉颇制定的战略防御方针，积极筹划战略进攻，企图一举而胜，夺回上党。

秦王见离间计得逞，立即任命骁勇善战的广武君白起为上将军，代替王乾出任秦军统帅。为了避免引起赵军的警惕，秦王命军中对此严守秘密。

白起是战国时期杰出的军事将领，曾率秦军攻韩击魏，远慑荆楚，所向披靡。

白起到任后，针对赵括鲁莽轻敌的弱点，采取后退诱敌，围困聚歼敌军的作战方针，对兵力作了周密的部署：以原先的前线部队为诱敌部队，等待赵军出击后，即向主阵地长壁撤退，诱敌深入；其次，利用长壁构筑袋形阵地，以主力守卫营垒，抵挡赵军的进攻，并组织一支轻装锐勇的突击队，待赵军被围后，主动出击，消耗赵军的有生力量；第三，用2.5万人埋伏在侧翼，待赵军出击后，及时插到赵军的后方，切断赵军的退路，协同主阵地长壁的秦军，完成对出击赵军的包围；第四，用骑兵5000人插到赵军营垒的中间，牵制和监视营垒中的赵军。

公元前260年8月，赵括统帅赵军向秦军发起了大规模进攻。两军稍事交锋，秦军的诱敌部队即佯败后退。赵括不问虚实，立即实施追击。赵军前进到秦军的预定阵地——长壁后，即遭到秦军主力的有力抵抗，攻势受挫。赵括欲退兵，但为时已晚，预先埋伏的秦军两翼2.5万奇兵迅速出击，及时插到赵军进攻部队的后方，切断了赵军与其营垒的联系，构成了对进攻赵军的包围。另外的5000骑兵也迅速地插到了赵军的营垒之间，牵制留守营垒的赵军。白起又下令突击部队不断出击被围的赵军。赵军数战不利，情况危急，被迫就地构筑营垒，转攻为守，等待救援。

秦昭王听到秦军包围赵军的消息后，亲赴河内（今河南沁阳），把当地15岁

秦末农民起义示意图

以上的男丁组编成军，增援长平战场。这支部队占据长平以北的丹珠岭及其以东一带高地，断绝赵国的援军和后勤补给，从而确保了白起彻底地歼灭被围的赵军。

9月，赵军断粮已达46天，内部互相残杀以食，军心动摇，局势非常危急。赵括组织了4支突围部队，轮番冲击秦军阵地，希望打开一条血路突围，但都未能奏效。绝望之中，赵括孤注一掷，亲率赵军精锐部队强行突围，结果仍遭惨败，自己也命丧秦军乱箭之下。赵军失去主将，斗志全无，遂不复再作抵抗，全部解甲投降。这40多万赵军降卒，除幼小的240人外，全部被白起坑杀。秦军终于取得了空前激烈残酷的长平之战的最后胜利。

长平之战中，秦军共歼赵军40多万人，削弱了当时关东六国中最强劲的对手赵国，慑服了其他各国，为秦国日后完成统一六国大业奠定了基础。

长平之战是中国战争史上的一出杰作。名将白起在这场战争中，以自己杰出的军事指挥艺术，指挥秦军给赵军以毁灭性的打击，开创了我国历史上最早、规模最大的包围战先例。

2.秦楚巨鹿之战

巨鹿之战是秦末农民起义中规模最大，对灭亡秦王朝具有决定意义的一次战役。项羽在战争中破釜沉舟，让士兵只带3天的口粮，做殊死的拼搏。结果九战九胜，大败秦军，打出了项羽的威风，从此铸就了项羽“西楚霸王”的威名。作壁上观的诸侯军目睹秦楚之间的恶战后拜见项羽时，“无不膝行而前，莫敢仰视”，破釜沉舟这一典故也随之流传千古。

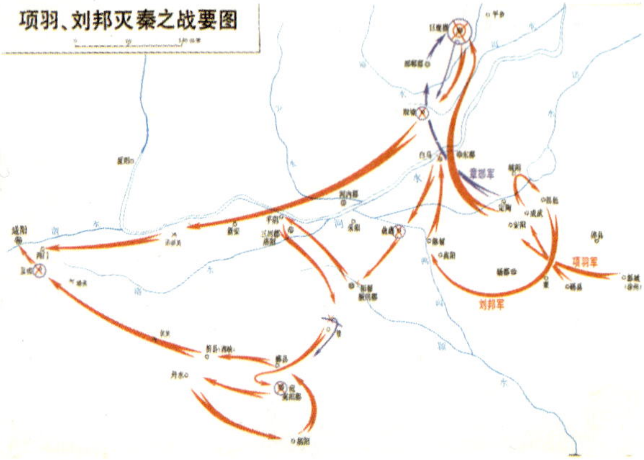

公元前209年7月，陈胜在大泽乡起义，首先举起反秦的旗帜，各地纷纷起兵响应。9月，项梁、项羽杀死会稽郡(秦朝时会稽郡治在今江苏省苏州)郡守殷通，举行起义，很快聚集到8000多人。到第二年，项梁率领8000“子弟兵”，渡过长江、淮河，向中原进军，以配合陈胜的起义军。沿途，英布、吕臣、刘邦等都率部前来会合，这支起义军发展到10万余人。不久，项梁在薛(今山东省薛城北)听到陈胜牺牲的消息后，便召集各部反秦将领共商大计。居巢人范增向项梁建议说：“你家世代为楚将，若能复立楚王的后裔，可以得人心。”项梁认为他说得有道理，就把楚怀王的孙子找来当楚王，仍称楚怀王，定都盱眙（今江苏盱眙），建立了秦末第二个农民政权。项梁自称武信君，率领项羽、刘邦等多次击败秦朝大将章邯的军队。可是，在胜利面前，项梁产生了轻敌思想，放松了警惕。公元前208年9月，当项梁引兵进至定陶西北时，遭到章邯优势兵力的袭击。项梁战死，起义军失利。

定陶战后，章邯认为楚军无足轻重，乘胜渡过黄河进攻赵地。赵王歇和、相国张耳、将军陈余，自知不是章邯的敌手，退守巨鹿(今河北省平乡西南)，被秦将王离、涉间用重兵围困起来，情况危急。赵王向楚怀王求救。这时楚怀王已迁都彭城，怀王任命宋义为上将军，项羽为次将，领兵北上救赵。

宋义率领大军由彭城出发时，士兵们已经休整了几个月，听说要去和秦军主力拼杀，个个摩拳擦掌，斗志旺盛。但是宋义却是个极端自私卑劣的人，他一面用甜言蜜语获得了楚怀王的信任，骗取了兵权；一面和齐国勾搭，寻求外援。虽然他兵权在握，却根本不想到巨鹿城下和秦军拼杀。当他走至安阳的时候，便号令全军安营扎寨，原地休息。他这一住就是40多天，每天只是在大帐中饮酒作乐，从不提出兵援赵之事。

项羽实在忍耐不住了，便来见宋义，说：“如今秦军围攻巨鹿，赵王危在旦夕，我们应该赶快率兵渡过黄河，与赵军里应外合，就能够大破秦军。”

宋义瞥了项羽一眼，轻蔑地说：“你哪里懂得兵法的妙用。让我告诉你吧，如今秦兵攻赵，要是胜了，就会疲惫不堪，那时我们就乘其疲惫而攻之；要是秦兵败了，我们正好一鼓作气，西入关中。所以我的意思是先让秦赵拼个你死我活，我们可以坐收渔翁之利。你要明白，说起披坚执锐、冲锋陷阵我是不如你，但要说运筹帷幄、决胜千里，你可就差远啦!”

宋义把楚怀玉的命令束之高阁，却加紧了和齐国的勾搭。齐王田荣见他手握重兵，正想拉拢他，就请他的儿子宋襄到齐国去做相国。宋义得了这个信儿，高兴万分，亲自把儿子送到无盐(今山东东平东)，并在那里举行了盛大的告别宴会。

这时正是三九严寒，冷风刺骨。战士们饥寒交迫，怨声载道。可宋义照旧拥炉饮酒，谈笑风生。项羽却心急如焚，对将士们说道：“当此之时，我们本应齐心协力，攻秦救赵，可是宋将军却不引兵渡河，整日饮酒，还说什么让秦赵相拼，然后坐收渔翁之利。一个小小赵国，怎能抵挡得住虎狼之秦呢?秦赵之战，胜败昭然，有什么渔利可收?宋将军手握重兵，身负主命，却心怀不轨，我看他不是效忠国家的臣子!”战士们也十分气愤。

第二天，项羽全副武装，大步跨进宋义军帐，再次要求他立即出兵救赵。宋义见项羽闯了过来，大发脾气，喊道：“我的军令已下，难道你要以头试令吗?”项羽义愤填膺，大喝一声：“我今天要借头发令！”说着，一剑斩下宋义的脑袋，疾步走出帐外，胡子根根如戟，一只手提着人头，一只手执着宝剑，对大家说道：“宋义私通齐国，背叛楚王，按兵不动，坐失战机，我已奉怀王之命把他处死了。”

大家明知道没有什么怀王的命令，但一来都惧怕项羽的威武，二来他们大多是项梁的老部下，对项羽很有感情，三来都不满于宋义的胡作非为，所以一见项羽杀了宋义，都立刻表示愿意服从项羽的指挥。项羽把军权掌握在自己手里，一面派人追杀正前往齐国赴任的宋襄，一面把处死宋义的事情报告给楚怀王。楚怀王无奈，只好封项羽为上将军。

项羽担任了援赵大军的主帅，立即派英布和蒲将军带领两万人马为先头部队，渡过黄河去解巨鹿之围。项羽亲自率领的主力部队也开到了漳河南岸。项羽下令立刻埋锅做饭，准备渡河船只，吃完饭马上渡河。忽然赵国使者又来告急道："齐、燕等国援兵虽然已到了巨鹿，因为见秦军人多势众，凶悍异常，只是远远安营观望，不敢出战。赵国的安危存亡，全系在将军身上了!"

原来章邯命大将王离、涉间、苏角围攻巨鹿，自己驻兵巨鹿南边的棘原，专门拦截诸路救赵援兵，同时筑甬道至巨鹿城下，运送粮秣，布阵严密，无懈可击。项羽探知了秦军的部署，知道要解围救赵并非容易，他把手一挥，对赵国的使者说："你回报赵王，项羽一定不负贵国厚望!"

项羽送走使者后，下令士兵每人带足3天的口粮。第二天，天刚蒙蒙亮，全军整装待渡，项羽又下令砸碎全部行军做饭的锅。大军渡过了漳河，项羽又命令士兵把渡船全部砸沉，同时烧掉所有的行军帐篷。项羽以破釜沉舟自绝后路表示了必胜的决心。

渡过漳河，项羽率领大军直插章邯和王离这两军之间的空隙。一面阻拦章邯的援军，一面切断甬道，断绝粮运，这就使得巨鹿城下的王离大军失去了后援和粮草供应。秦将王离见楚军如此勇猛，急忙指挥兵马拦截。项羽的军队拼死作战，锐不可当，杀得秦军死伤无数。王离三进三退，才算逃回了本营。

在东阿之战中，章邯就领教过项羽的勇猛，这次前锋败北，王离失利，他更不敢大意了，立即重新排兵布阵，想诱项军深入，聚而歼之。章邯引楚兵深入阵中，以为楚兵中计，却不料楚军由于断了后路，三五成群，各自为战，以一当十，两天之内，秦军就吃了9次败仗。项羽见秦军已经溃不成军，就派英布、蒲将军夺取秦军甬道，杀秦将苏角，活捉王离，涉间葬身火海。章邯见大势已去，被迫率领20万秦军投降项羽。这就是著名的巨鹿之战。

汉高祖刘邦像

项羽像（明万历刻本）

巨鹿之战是著名的以少胜多的战例。由于项羽破釜沉舟，表示了极大的信心和勇气，同时也激励了士卒奋勇战斗，终于取得了这次战役的胜利。这次战役基本上消灭了秦军主力，对于推翻残暴的秦王朝统治起了关键性的作用。

3.楚汉垓下之战

公元前202年7月至12月，汉王刘邦与西楚霸王项羽经过长达5年的战争后，双方终于穷尽一身之力汇兵垓下，展开了一场规模空前的大决战。垓下之战从而成为中国历史上一个重要的转折点，汉王朝的基业由此奠定。

公元前206年，刘邦率义军攻入咸阳，一举推翻了秦王朝。不久项羽率40万大军开进函谷关进入咸阳，大举屠城，杀秦降王子婴，火烧阿房宫（最近有专家称，项羽并未火烧阿房宫。存疑），尽掠美女珍宝。项羽以时局主宰者自居，分封了18个王，自封为西楚霸王，定都彭城（今江苏徐州）。刘邦被封为汉王，定都南郑（今陕西省南郑县），仅辖巴、蜀、汉三郡，远离故土，人稀地瘠，偏居一隅。就此形成了中国历史上最有能力争夺中央统治大权的两大集团。从当时的形势来看，项王是占尽优势，汉王趋利避害，以冷峻的目光打量着帝位。

军事上的暂时失利往往是计谋和手段上场的时候。刘邦在联合各地反对项羽的力量的同时，又派人游说项羽，达成了以鸿沟为界中分天下的盟约。刘邦获得了珍贵的休整和重新布局的时机。

张良像

韩信像

公元前202年，刘邦认为时机成熟，首先背弃了盟约，明修栈道，暗度陈仓，由西向东追击东归的项羽。项羽回击，在固陵（今河南太康县南）大败汉军。汉军的失利，使刘邦接受张良的建议，以封王许地为条件换取了韩信、彭越出兵。此一招，遂使项羽处于军事上的劣势。刘邦对楚的战略包围已经形成。

韩信由东向西，彭越由北向南，刘邦则由西向东，又派刘贾率军进入楚地。由于彭城被汉将灌婴占领，项羽还都无望；更由于寿春（今安徽寿县）被汉将英布、刘贾占据，驻守舒县（今安徽庐江）的周殷又叛楚降汉，项羽走捷径回江东亦无可能。在整体态势上，汉军已形成了对楚军的四面包围。公元前202年，楚军欲东去广陵（今扬州）或南下历阳（今安徽和县）都十分困难，只得率10万疲惫之师，走中路经城父（今安徽亳州）、蕲县（今安徽宿州）退至垓下（今安徽固镇县境内）。然而，项羽立足未稳即被汉军重重围困。

为了进一步动摇和瓦解楚军，刘邦的谋士张良令会楚地方言的汉兵用箫吹楚曲、唱楚歌，以此动摇楚军的军心。楚军听了，以为西楚已失，益发怀念自己的家乡，斗志瓦解，纷纷逃散。项羽也大为吃惊，问："汉军已经完全占领了楚国的土地了吗？为什么楚人这样多呢？"项羽惶惶然不能入睡，深夜在军帐里喝酒。他一边喝酒、一边慷慨激昂地唱起歌来，歌曰："力拔山兮气盖世，时不利兮骓不逝！骓不逝兮可奈何？虞兮虞兮奈若何！"据说他的爱妾虞姬也起而和唱，歌曰："汉兵已略地，四方楚歌声。大王意气尽，贱妾何聊生！"唱罢，拔剑自刎而死。项羽见大势已去，带了800余骑兵连夜突围南逃。第二天天亮，刘邦发觉项羽突围而去，便派灌婴带领5000骑兵追击。

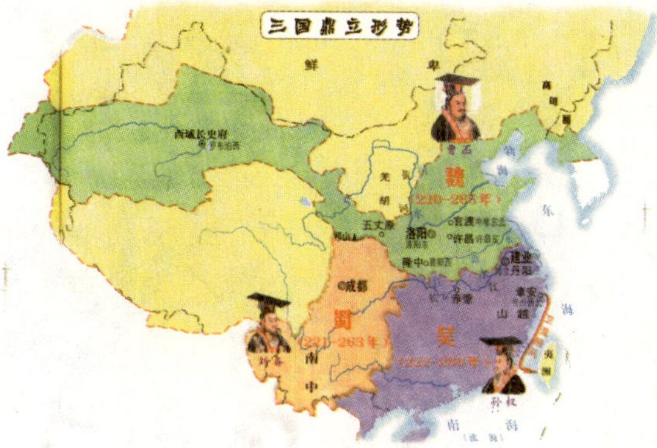

项羽骑着乌骓马，带领800余骑兵，终于杀出重围，渡过淮水时，跟随他的骑兵只有 100 多人了。项羽到阴陵（今安徽定远县西北）后迷了路，陷进湖沼地带。抵东城（今安徽和县北）时只剩 28 骑相随。汉军一直在追杀，项羽引兵上了一小山（此山在今安徽和县北 70 里处，后被称为“四马山”、“九头山”），与汉军交战数次，最后逃到乌江边，只剩他一人一骑，自感无颜见江东父老，自刎而死。

垓下之战，是楚汉相争中具有决定性的战役。它既是楚汉战争的终结点，又是汉王朝繁荣强盛的起点，在中国历史上具有里程碑意义。它结束了秦末混战的局面，统一了中国，奠定了汉王朝 400 年的基业。因其规模空前，影响深远，被列为世界古代史上著名的七大战役之一，有“东方的滑铁卢”之誉。

4.袁曹官渡之战

东汉末年，朝政腐败，外戚、宦官专权，天灾人祸不断，终于导致黄巾农民大起义。起义虽被镇压下去了，东汉王朝却已分崩离析，名存实亡。天下群雄割据，战乱不休。至建安四年（199 年）夏，中国北方大致形成了袁绍与曹操两大军事集团。袁绍拥兵数十万，占据了黄河以北的幽、冀、青、并等州郡，处于进可攻、退可守的有利地位。曹操则占领了黄河以南的兖、豫、徐等州郡，并把汉献帝接到许昌，“挟天子以令诸侯”。但曹操只有数万兵马，所处的地理位置又易攻难守，且后方很不巩固。荆州的刘表、江东的孙策、南阳的张绣仍与曹操为敌。所以，总体作战形势利袁而不利曹。

建安四年（199 年）六月，袁绍起兵 10 万，战马万匹，企图南下进攻许昌，官渡之战序幕由此拉开。

袁绍举兵南下的消息传到许昌，曹军诸将认为难以战胜袁绍。曹操却说：“吾

曹操像

刘备像

知绍之为人，志大而智小，色厉而胆薄，忌克而少威，兵多而分画不明，将骄而政令不一，土地虽广，粮食虽丰，适足以为吾奉也。”遂决定起兵两万迎敌。

八月，曹操率军进据黄河北岸重镇黎阳，派臧霸率精兵入青州一带，巩固右翼，防止袁军从东面袭击许昌。留于禁率步骑2000屯守黄河南岸的重要渡口延津，令东郡太守刘延守白马，以防止袁军渡河南下,此为第一道防线。九月，曹操还许昌，置主力在官渡筑垒固守，为第二道防线。官渡为袁绍进攻许昌的咽喉之地。十二月，曹操复还官渡，亲自坐镇，严阵以待袁军来犯。

正当曹操全力以赴布置对袁作战时，刘备起兵反叛曹操，杀曹徐州刺史车胄，占据下邳，屯兵沛县，并积极与袁绍联络，欲合力夹攻曹操。曹操分析了眼前的形势，认为“夫刘备，人杰也，今不击，必为后患。袁绍虽有大志，而见事迟，必不动也”。遂于建安五年（200年）年正月，率精兵东征刘备，一举占领沛县，收复徐州，转攻下邳，并迫降了关羽。刘备全军溃败，仅带少数兵马逃往河北投奔袁绍去了。曹操获胜后，还军官渡，以迎战袁绍。

建安五年（200年）二月，袁绍亲率大军进军黎阳，派遣郭图、淳于琼、颜良进攻东郡太守刘延驻守的白马，刘延兵势微弱，被颜良军围困，情况紧急。四月，曹操决定率兵救刘延。他采纳谋士荀攸的建议，先自引兵到延津，佯装渡河袭击袁绍的后方，袁绍当即分兵西应。曹操却乘机率一支精兵向东奔袭白马，颜良措手不及，被关羽斩杀，白马之围遂被解。袁绍又派大将文丑与刘备率五六千骑步兵渡河追击曹军。曹军当时只有骑兵500余骑，危急之中，曹操令众骑兵解鞍放马，又将辎重丢弃在袁军来的路上。不久，文丑兵到，见到曹军丢弃的马匹、辎重后，你争我抢，乱作一团。曹操见此，命其500多骑兵立即上马，向袁军冲

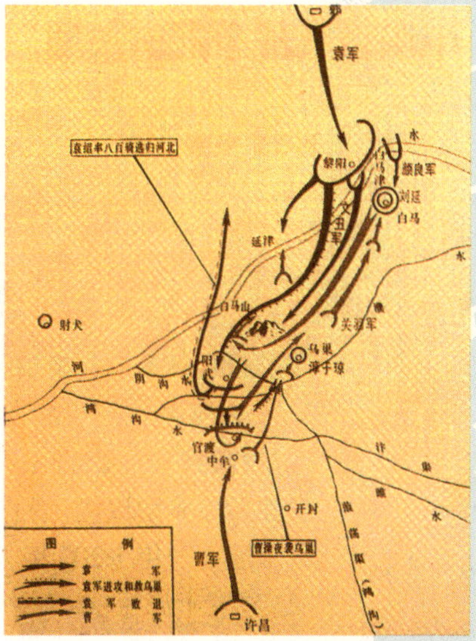

官渡之战示意图

杀，袁军顿时溃败，大将文丑被斩首。此番曹军连斩颜良、文丑两员河北名将，袁军大为震动。袁绍下令退军阳武,曹操也还军官渡固守。

八月，袁绍兵临官渡，依沙堆立营，东西数十里。曹操也分营与袁军对峙。九月，曹军出击，但战斗不利。当时曹操兵不满一万人，且十有二三为伤兵，只好退回营垒坚守。袁军见此，便堆起土山，筑高橹，用箭俯射曹营，使曹军士兵只能蒙盾而行。为了扭转这种被动局面，曹操命工匠连夜赶造霹雳车，向袁军还以飞石，摧毁了袁军的橹楼。袁绍又命士卒挖地道袭击曹营，曹军也针锋相对，在营内掘地壕以对抗。曹操又闻袁绍的几千车军粮即将运至官渡大营，他立刻派大将徐晃、史涣截击，将袁军粮草全部烧毁。

双方相峙月余，曹军粮草将尽，士卒疲乏，于是曹操寻机与袁绍决战。建安五年（200年）十月，袁绍又派车运粮，命淳于琼等5人率兵万余人护卫，将粮屯聚在袁军大营以北40里的乌巢。谋臣许攸建议袁绍派轻骑趁夜突袭许昌，袁绍不予采纳。恰这时许攸家中有人犯法，被其政敌审配扣押。许攸一怒之下，投奔曹操，并献计曹操奇袭乌巢。许攸之计正合曹操寻找战机、出奇制胜的心意。于是曹操当机立断，留曹洪、荀攸守官渡大营，自己亲率步骑5000人连夜出发，一路扮着袁军，骗过袁军哨卡。到达乌巢后，即围住粮囤放火，及至天明。淳于琼见曹军兵少，于是出垒迎战。曹操挥军冲杀，袁军抵挡不住，被迫退回营垒坚守。这时，袁绍一面派骑兵救乌巢，一面命张郃、高览攻打曹军官渡大营，企图使曹操退无所归。当增援的袁军骑兵逼近乌巢时，左右报请曹操分兵抵挡，曹操大怒说："敌兵到了我背后才来告诉我！"于是士卒皆殊死拼杀，大破乌巢守军，擒杀袁将淳于琼。攻打曹军大营的张郃、高览二将闻淳于琼兵败，又闻袁绍对他们二人起疑心，遂于阵前投降曹操。曹操乘势挥军掩杀，袁军大败，袁绍及其儿子袁谭只带了800余骑，仓皇逃往河北。

官渡之战，经过一年多的对峙，至此以曹操的全面胜利而告结束。曹操以两万左右的兵力，出奇制胜，击败袁军10万。这个战例成为中国历史上以弱胜强、以少胜多的典型战例。曹操以其非凡的才智和勇气，写下了他军事生涯中最辉煌的一页。建安七年（202年），袁绍因兵败忧郁而死，曹操乘机彻底击灭了袁氏军事集团。建安十二年（207年），曹操又征服了乌桓，至此，战乱多时的北方实现了统一。

5.秦晋淝水之战

谢安像

东晋十六国时期，前秦在统一北方后，不断向南扩张，在攻占东晋梁、益（约今陕西南部及四川）二州后，继占襄阳、彭城等地，急欲灭亡东晋，统一天下。

前秦建元十九年（东晋太元八年，即383年）七月，前秦王苻坚自恃国强兵众，不听群臣劝阻，调集90万大军分三路攻晋。八月，命苻融、慕容垂、梁成等率步骑25万为前锋先发。九月，自率中军主力出长安进至项县（今河南沈丘），但后续部队凉州兵才到达咸阳，西路的蜀汉兵刚刚顺江而下，东路的幽冀兵才到达彭城，兵力极其分散。东晋面对前秦军的进攻，一致主张抵抗。执掌朝政的宰相谢安，命谢石、谢玄、谢琰等率水陆军8万赴淮水一线抗秦，命胡彬率5000水军增援寿阳（今安徽寿县）。

10月18日，苻坚之弟苻融率前秦前锋部队攻占了寿阳，俘虏晋军守将徐元喜。与此同时，前秦军慕容垂部攻占了郧城（今湖北郧县）。奉命率水军驰援寿阳的胡彬，在半路上得知寿阳已被苻融攻破，便退守硖石（今安徽凤台西南），等待与谢石、谢玄的大军会合。苻融又率军攻打硖石。苻融部将梁成率兵5万进攻洛涧（今安徽淮南东），截断淮河交通，阻断了胡彬的退路。胡彬困

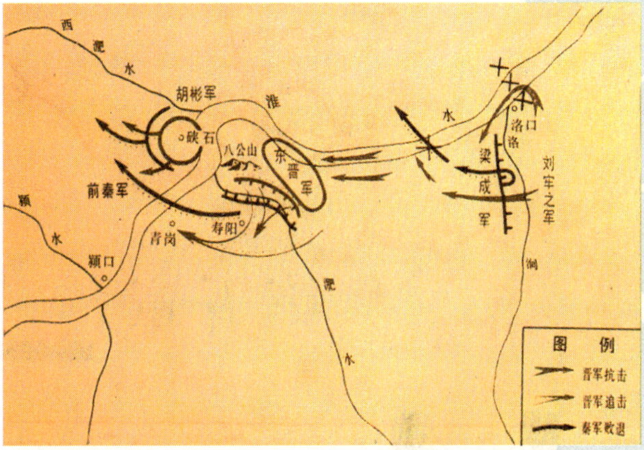

淝水之战示意图

守硖石，粮草用尽，难以支撑，写信向谢石告急，但送信的晋兵被秦兵捉住，此信落在苻融手里。苻融立刻向苻坚报告了晋军兵少、粮草缺乏的情况，建议迅速起兵，以防晋军逃遁。苻坚得报，把大军留在项城，亲率8000骑兵疾趋寿阳，并派晋降将朱序到晋营劝降。不想朱序一心向晋，反将秦军情况密告谢石，并建议趁秦军尚未集中，迅速发起反攻，击败其前锋。谢石采纳其议，命谢玄派猛将刘牢之率5000精骑，夜渡洛涧，袭击梁成大营，一举歼敌1.5万余人，斩梁成等10员大将。晋军士气大振，乘胜直逼淝水东岸。

苻坚在寿阳城楼望见对岸晋军布阵严整，又误望八公山上草木皆兵，始有惧色。谢玄针对前秦军上下离心、士兵厌战和苻坚急于决战的心理，派人至前秦营，要求前秦军稍从淝水后撤，以让晋军渡河决战。前秦将领皆不同意后撤，但苻坚想待晋军半渡而出击取胜，遂答应了晋军的要求。苻坚下令稍退，本来内部不稳的前秦军，一退而不可止，阵势大乱。朱序又在阵后大呼前秦军败了，被迫从军的各族士兵纷纷逃命。晋军及时抢渡淝水猛攻，前秦军大溃，自相践踏，死者不计其数。谢玄率军乘胜追击，直至青冈（今寿县西30里处）。

淝水之战，前秦军被歼灭和逃散的共有70多万，唯有鲜卑慕容垂部的3万人马尚完整无损，苻坚统一南北的希望彻底破灭。不仅如此，北方暂时统一的局面也随之打破，再次分裂成更多的地方民族政权。鲜卑族的慕容垂和羌族的姚苌等其他贵族重新崛起，各自建立了新的国家，苻坚本人也在两年后被姚苌俘杀，前秦随之灭亡。此战的胜利者东晋王朝虽无力恢复全中国的统治权，但却有效地遏制了北方少数民族的南下侵扰，为江南地区社会经济的恢复和发展创造了条件。淝水之战也成为以少胜多的著名战例而载入军事史册，对后世兵家的战争观念和决战思想产生了深远的影响。

第五章 甲胄春秋

一、殷周甲胄

商代铜胄。商代的胄已用青铜铸造，形制大体近似，表面有精美的图案纹饰，打磨光滑，不少铜胄正面铸有兽面纹饰，显得颇为威武。在胄顶正中，都有向上竖立的圆管，用来安装缨饰。

甲胄是古代战争中将士使用的防护装具。最早的甲胄出现于原始社会后期，当时士兵们为了在战斗中免受敌方的伤害，仿效动物“孚甲以自御”。原始的甲胄多是用皮革制造的，开始是用整张的兽皮披裹身体，以后逐渐将兽皮裁剪，制成合身、灵便的防护皮甲。商、周时期的甲胄，就是在原始甲胄的基础上发展而来的。

在商代，主要的防护装具是皮甲和青铜胄。皮甲制作精致，绘有精美的图案花纹。青铜胄铸造技术和工艺已十分高超。铜胄合范的缝为胄的中线，形成一条纵切的脊棱，将全胄均匀地分成左右两部分，胄面上的纹饰以这条脊棱为中线向左右对称展开。胄的左右和后部向下伸展，用以保护耳朵和颈部。许多铜胄的正面铸有凸起的兽面纹饰，额头中部有扁圆形的兽鼻，巨大的兽目和眉毛在鼻上方两侧与两耳相接，眉目之上有的还铸有向左右伸展的尖角，圆鼻的下缘为胄的前沿，在相当于兽嘴处能露出武士的脸面。根据兽面纹的不同造型特征，可以大致区分为虎和牛两类。此外，有的胄上不饰兽面，只在顶部两侧铸出两只大眼睛；有的胄额

甲片漆皮。湖南长沙出土，这是春秋时期征战的珍贵历史物证。

无纹，在耳侧铸有两个凸出的大圆葵纹。胄的顶部铸有向上竖起的铜管，用来安装缨饰。胄面打磨光滑，兽面等装饰浮出胄面。但是胄的里面仍保持着铸制时的糙面，不做打磨，因而凹凸不平，须要加装衬里才能冠带。整个胄重2千克~3千克。到了西周时期，青铜胄仍然在使用。

周代的甲，也是以皮甲为主，一般用牛皮制作，也有用犀牛皮制作的，较为珍贵。但已不用整片皮革制作，而是先裁制成甲片，再编缀成整领皮甲。从已发掘出土的皮甲看，都是东周的遗物，又以楚地出土的最多。保存最完好的皮甲，出土于湖北随县的曾侯乙墓。曾侯乙的墓椁北室放有大量的皮甲胄和兵器。根据墓中出土的简文记载，这些兵器和盾甲都是用于车战。这些皮甲胄随葬于墓中时，都是卷起来重叠堆放在一起的，但出土时连接皮甲的丝带已经腐烂，经过考古工作者的整理和修复，共清理出12领比较完整的皮甲。皮甲所用的甲片表面都曾髹漆，以黑漆为主。

湖北随县曾侯乙墓中还出土了十几具战车上辕马使用的皮质马甲。马甲出土时均已残破，经过修整，形成完整的标本。马甲由胸颈甲及身甲等组成。胸颈甲及身甲由各式甲片用丝带编缀而成，甲片为皮胎经模压成型，表面髹黑漆和红漆，有的黑地上用红漆绘几何纹样。马胄由整块皮革横压而成，形状近似马面。从顶部到鼻梁部位稍有弧度，两边面颊对称。顶部正中压成圆涡纹，其间填以金黄色的粉彩，两耳部有圆穿孔，马耳可由此伸出，眉部呈菱形向外凸出，双眼处留一扁圆形穿孔，以便于马能向外视物。

着甲胄武士塑像，根据曾侯乙墓出土的甲片复制。

曾侯乙墓出土的漆盾

曾侯乙墓出土的马甲残片

两鼻部各有一个穿孔，上小下大，似蛋卵形，便于马的鼻孔透气。两腮压成凸出的大块云纹状，在凸出的部位，有的地方又呈圆形突起。在两腮及顶部，均有穿孔，用以系带或与马甲的其他部分相编缀。整个马胄，内外均髹黑漆，而外部又用朱漆彩绘龙兽纹、绹纹、圆涡纹和云纹。龙兽纹为一种似龙似兽的图案，主要施于面部及两颊没有凸起的部位；绹纹主要施于每组图案的边缘；圆涡纹主要施于两侧圆形凸起的部位，以朱漆为底，用金色粉彩描绘图案，异常精美。将整个马胄展开，全长为80厘米。

甲胄不仅在战斗中能起到防身护体的作用，殷周时的王公贵族还用贵重金属来装饰甲片，使它成为权力和地位的象征。1984年，在湖北当阳曹家岗5号楚墓中发现了大量的皮甲和装饰甲片用的金属装饰。该墓出土了两堆叠成长80厘米、宽40厘米、厚70厘米的整领皮甲。由于年代久远，整领皮甲的质地脆弱。皮甲一面髹漆，呈深褐色，表面富有光泽。甲片上多有穿孔，少数穿孔中残留着编缀甲片的皮条。墓中还发现了193件甲片的金属装饰，为深褐色。甲片金属装饰有蟠龙纹、三角纹、兽形纹等。主要形制有燕尾形、三足形、虎形、叶片形等10多种。各种类型的造型和花纹多是成双和左右对称的，表明在编缀甲片时是左右分别依次序编排的，工艺较为先进。皮甲和甲片金属装饰是目前我国发现时代早且保存完整的一批资料，皮甲的制作技术先进，甲片金属装饰工艺更是达到了一定的水平。

除了皮质甲胄外，在考古发掘中还发现了西周时期的铜甲。1984年在陕西长安普渡村18号西周墓中，出土了42片铜甲片。甲片由青铜铸成，个别甲片顶端留有浇口痕迹。甲片四角上的孔是用于连缀甲片的，从孔眼的大小看，应当是用较粗的绳带来缝缀的，但从甲片的重量来看，是不可能缝在很薄的丝织物上的，大

曾侯乙墓出土的马胄残片

曾侯乙墓出土的马胄（复制品）

概甲片是连缀于皮衬地上的，既便于制作和穿着，又起到了防护作用。甲片之间的组合互不叠压，因此甲片四角都有孔。这与后来甲片在边上相互重叠的组合形式有很大的差别，属于一种较原始的组合方式。经整理复原，这件铜甲是我国经复原后保存最早的一件铜甲，它以零散的甲片组合成一领铠甲，对研究铜甲的发展有着重要的意义。在陕西张家坡170号西周墓中还出土了一组半月形铜件。发现时铜件叠作一堆，铜件近半月形，正面凸起，边缘窄平，层层叠压，排列无序。由于铜件及皮革衬均具有防护性能，可能是防护时横向围护住胸腹部位。此外，还出土有青铜甲袍。河南三门峡上岭村虢国墓地出土过148件甲袍，甲袍有大有小，器壁较薄，边缘处有小穿孔。河南浚县辛村西周墓里发现过大中小各类甲袍105件，有的甲袍的背面残存麻絮或布纹。有学者认为，这种青铜甲袍是缝在皮甲上护身的。

综上所述，皮甲胄是我国殷周时期士卒的主要防护装具，皮甲胄制工考究。皮甲胄所用的皮甲片，裁制成长方形或近似于梯形，除单层皮革外，为了牢固，多由两层皮革合在一起，并在甲片上髹漆，甲片之间用丝带或皮条编缀。在春秋时期成书的《考工记》中，详细地记述了当时制作皮甲的工艺技术。从皮甲选取的材料，材料的坚硬程度到甲片剪裁的长短、制作程序等都有严格的规定。这些记述反映出东周时期皮甲制作技术已趋成熟。制工精良的皮甲胄的确能有效地抵御青铜兵器的攻击，在战争中发挥很大的作用。但是到了东周晚期以后，攻击性和杀伤力大于青铜兵器的钢铁兵器开始出现，皮甲胄已无法抵御钢铁兵器的进攻。为了能够防御钢铁

战国皮甲胄（复制品）。东周时期，中国古代的皮甲胄制作技术达到了一个高峰，皮甲是用甲片连缀而成的，甲片用牛皮、犀牛皮或野牛皮制作。

东周铜臂甲。甲的表面用阴线刻出熊、豹、鹿、猪、鸡、猴等10余种动物，无论铸造技术还是装饰艺术，都达到了很高的水平。

东周铜胄。胄的胄顶和两侧底边一般有方钮，用以穿贯皮条，戴胄后用皮条系结于颈部。

战国铁胄。战国晚期，胄又称“兜鍪”，这件铁兜鍪用89块长约5厘米、宽约4厘米的铁片缀连而成，冠戴时须衬垫布帛。

兵器，最终铁铠出现在战场上，皮甲胄逐渐丧失了在战争中原有的地位。

二、秦甲类型

战国后期，锋利的钢铁兵器逐渐用于实战，由于它的工艺先进，杀伤力强，逐渐取代了青铜兵器，成为战场上主要的进攻型兵器。这就促使防护装具发生变革，铁铠开始出现。迄今发现的最早的铁铠甲片，是在河北省易县燕下都遗址出土的。钢铁兵器和铁质防护装具的出现，引起了军事装备和作战方法等方面的巨大变革。

虽然铁质兵器和铁铠甲在战国时期已经出现，并用于实战，但是仍处于初始阶段。当时冶铁技术还不够成熟，难于大量生产，不能满足军队的需求，加之诸侯各国冶铁技术的发展也不够平衡，因此各国的军事装备仍以传统的青铜兵器为主。从目前的考古资料看，战国时期钢铁兵器在燕国和楚国境内出土较多，在秦国境内出土较少。

秦始皇陵兵马俑身上的铠甲，真实地再现了秦代所使用的铠甲，是研究战国时期铠甲的宝贵资料。秦始皇陵兵马俑坑中出土的兵俑分为军俑、军吏俑、骑士俑、射手俑、步兵俑、驭手俑等，他们的铠甲服饰装束表现出森严的等级制度。铠甲按形制分为四形，即护胸腹形、铠甲形、骑兵步兵甲、驭手专用甲。

秦始皇陵兵马俑一号坑。秦军的铠甲，有铜制和皮制两种。将军的铠甲是皮制，骑兵或驭手的铠甲是铜制，两种铠甲都是用皮条将铜片（或皮片）串缀而成的，具有重量轻、运动自如的特点。

其中护胸腹形铠甲形制比较特殊，只有胸腹部分有甲片，甲片周围有一道宽边。肩部和背部都无甲片，背后用交叉斜带与身前甲衣系结相连。带面上还残留有彩色的图案花纹，似乎是一种低级官员的装束。

秦兵俑中最为常见的铠甲样式是普通战士的装束，这类铠甲有如下特点：胸部的甲片都是上片压下片，腹部的甲片都是下片压上片，以便于活动。从胸腹正中的中线来看，所有甲片都由中间向两侧叠压，肩部甲片的组合与腹部相同。在肩部、腹部和颈下周围的甲片都用连甲带连接，所有甲片上都有甲钉，其数或二、或三、或四不等，最多者不超过6枚。甲衣的长度，前后相等，皆为64厘米。其下摆一般多呈圆形，周围不另施边缘。

秦将军铠甲为临阵指挥的将官所穿。胸前、背后未缀甲片，皆绘几何形彩色花纹，似以一种质地坚硬的织锦制成，也有可能用皮革做成后，再绘上图案。甲衣的形状，前胸下摆呈尖角形，后背下摆呈平直形，周围留有宽边，也用织锦或皮革制成，上有几何形花纹。整件甲衣前长97厘米，后长55厘米。胸部以下、背部中央和后腰等处都缀有小型甲片。全身共有甲片160片，甲片形状为四方形，甲片的固定方法，用皮条或牛筋穿组，呈“V”字形，并钉有铆钉。另在两肩装有类似皮革制作的披膊，胸背及肩部等处还露出彩带结头。

在秦始皇陵东南200米处发现的大型陪葬坑中发现

秦代跪射弩兵俑。跪射弩兵表现的是军阵射击前的一瞬间。

秦代车士俑。车士负责向敌人近距离进攻，需要灵活性与防御力兼备，因而戎装较驭手的轻便。

秦代骑兵俑。骑兵重视快速冲杀，又要灵活转向，装备最为轻巧。

了用铜丝编缀的石铠甲和石兜鍪（即作战时戴在头部的头盔，也叫胄），共约120余领（顶）。这批甲胄均由石甲片组成，甲片质地为青灰色的石灰石，易碎且重。甲片主要有长方形、正方形、舌形、等腰梯形、直角梯形、圆形等几种，另外还有其他属于特殊部位的异形片。甲片上钻有一些圆形或长方形的小孔，用扁铜条连缀在一起。甲片未被叠压的边上有一道抹棱，起美观作用。被叠压的角有磨角，以便连缀和甲胄伸缩。

沉着刚毅的将军俑

石胄是与石铠甲同时出土的。所有石胄均由一整片圆形顶片和若干种不同形状的胄片组成，石铠甲坑出土的一大批形制精美、工艺高超、分布密集、种类繁多、保存完好的石质甲胄，是首次发现的秦甲实物，其中胄的发现为我们展示了秦胄的真实形制风格，填补了考古资料包括秦兵俑坑甲胄装备中均无秦胄的空白。

人的甲衣做工精细，类型繁多，比已发现的兵马俑坑甲士俑的模拟性铠甲形制更精美，类型更丰富，而且与之相互补缺映衬，大大丰富了秦甲的类型和研究内容。其次，用铜丝和石片编缀制成的石质甲胄在中国乃至世界考古史上也是仅见的。石质甲胄制作难度大于当时普遍使用的皮革甲胄，工艺和艺术要求非常高，工程量大，体现了秦代工匠精湛的技术水平，是我国先秦时期石材加工艺术的集大成之作。再次，已发现的这些甲胄标本绝大多数是仿皮甲制作的，真实地反映

秦代驭手俑。车兵的驭手负责驾驶战车，缺乏自卫能力，因而加重铠甲。

秦代将军俑

出当时皮甲胄的形制特征。可以看出，这些仿皮甲胄类型多样，但同一类型的甲胄从整体形制、尺寸到甲片数量、甲片连缀以及叠压规律都有非常统一的规格。另外，这些石质甲胄不是实战装备，而是专门做的陪葬明器。以石质甲胄随葬，可能反映了秦人的某种信仰或礼制。

三、汉代铁铠

精锐的钢铁兵器排挤并取代了落后的青铜兵器，成为军队中主要的兵器装备，这是社会发展的必然规律。但是钢铁兵器取代青铜兵器的过程颇为漫长，经历了从战国直到东汉这一历史时期，与之相应的铁质防护装具铁铠的发展历程也同样如此。战国时代铁铠开始出现，直到汉代，铁铠逐渐成为军队中主要的防护装具。

汉代的铁铠又称为“玄甲”。“玄”字泛指黑色，大概因为铁铠由黑色金属制造，所以称玄甲。铁铠由甲片镶嵌而成，当时所使用的铠甲片可以分为三类：第一类是大型长条甲片，高约23厘米，宽4厘米，也称札甲，其高度随着时间的推移逐渐变短；第二类甲片比第一类小得多，形状更接近正方形，高4.6厘米～5厘米，宽2.7厘米～3.4厘米，重10克，一般下缘较为平直，上缘两角呈圆弧状；第三类，体型最小，更接近正方形，高不及4厘米，宽不到2.5厘米，这种甲片的另一种样子是做成槐叶或柳叶形状。

注目前方的武士俑

用上面3种甲片可编成两类铠甲，即由大型长条甲片编成的札甲

汉代铁甲(复原模型)。西汉时，铁制铠甲已成为军队中的主要装备，皮甲退居次要地位。

和用中小型甲片编成的鱼鳞甲 。札甲是士卒抵御冷兵器的标准甲。札甲中有无披膊和有披膊之分，骑兵大多使用无披膊的札甲。鱼鳞甲是札甲登峰造极的结果，整套甲所用甲片可超过2200片，甲片叠压密似鱼鳞，考虑到当时的炼钢水平，毫无疑问，只有显赫之人才能穿用。实际上，西汉鱼鳞甲即使与后世铁甲比较，也堪称精品了，鱼鳞甲历代从未普及过。

汉代的铠甲制造水平已非常成熟。从甲片的制造、编缀方法和铠甲的形制等方面，都形成了一定的制度。也可以说，中国古代铁铠甲的基本特点，这时已经大致具备了，以后只是在它的基础上的进一步发展。之后的铠甲在甲片的基本形状和组编的方法等方面变化不大，主要的变化表现为：一是铠甲的精尖程度日益提高，二是铠甲的类型日益繁多和防护身躯的部位日益加大。

铁铠甲在汉代成为主要的防护装具，首先是以当时的生产力水平为基础的，即冶铁技术的发展和锻钢技术的应用。西汉时以块炼铁多层迭打的钢为主要材料制造刀、剑等兵器，并用淬火来局部提高刃部的硬度和保持兵器所必需的韧性，还在块炼渗钢的基础上逐步发展了百炼钢的技术。为了对付日益锐利的钢铁兵器的进攻，防护装具也随之改进，采用了先进的锻炼技术。根据已做过金相鉴定的西汉铁甲片标本得知，表面为铁素体退火组织，中心部分含碳稍高，表面所用的材料是块炼铁，锻成甲片后，经过退火，进行表面脱碳，提高延性。关于汉代军队装备铁铠甲的情况，还可以从居延汉简里看到一些有关的记载。例如，在当时甲渠侯官所在地破城子曾出土过以下的简文：“第十五燧长李严铁鞮瞀二中

汉代穿札甲的武士俑。

汉代铁甲胄（复原模型）

毋絮今已装，铁铠二中毋絮今已装，六石弩一组绥今已更组，五石弩一太弦三分今已亭。”竹简上记录了当时一个燧长检查和修理的兵器，其中有两套铁铠甲和兜鍪，两张弩。同时，在侯官遗址中还发现了铁铠的甲片。此外，我们从居延汉简里读到不少关于铁铠甲的简文，从中可以了解到汉代居延汉简烽燧的守卫者中，铁铠甲和铁兜鍪是普遍使用的。

在居延汉简里，除了有关铁铠甲的简文以外，还有一些有关皮甲的简文。这也反映出当时铁铠甲排挤了皮甲成为战场主角以后，皮甲仍在配合铁铠甲继续使用。

四、筒袖铠、裲裆铠和明光铠

魏晋南北朝时期是甲式发展的重要过渡时期，接踵出现的筒袖铠、裲裆铠、明光铠，在汉与隋唐仿佛毫不相干的甲式间补充了舒缓的乐章。战乱的激励令铁甲质量有了近乎神奇的提高，传说诸葛亮的筒袖铠竟能抵御拉力近670千克的强弩射击。传说可以商榷，但其中至少体现了当时对铁甲质量的重视。

由于战争连年不断，争夺政权的斗争此起彼伏，人们对武器装备更加重视。再加上炼铁技术的提高，钢开始用于武器，这一时期的甲胄也有很大的改进。

铠甲的形制主要有三种：一是筒袖铠。这是常用的铠甲，是在东汉铠甲的基础上发展而来的。这种筒袖铠的外形与西汉的铁铠很相似，从头上套穿，它是用小块的鱼鳞纹甲片或者龟背纹甲片穿缀成圆筒形的甲身，前后连接，并在肩部配有护肩的筒袖，因此得名筒袖铠。这种铠坚硬无比，穿铠的人，一般头上都戴有护耳的兜鍪，颈上饰有长缨。

二是裲裆铠。这是南北朝时期通行的戎装。裲裆有两种含义，一种是指服饰

北朝着裲裆铠的武士俑

南北朝着明光铠按盾陶武士俑。明光铠在三国时期已经出现，是南北朝时期又一种重要的铠甲，这种铠甲可能因为胸部和背后各有两面大型金属圆护，很像镜子，反照太阳光即发明光，所以称为“明光铠”。明光铠一般颈有盆领，肩覆披膊，腰上束带。其在北朝晚期日益流行，表现出取代裲裆铠的趋势。

制度中的裲裆衫；一种是指武士穿的裲裆铠。两者的外形大体相同，区别主要在质料上。裲裆衫的材料，通常用布帛，中间纳有丝棉，取其保暖。而裲裆铠的材料则大多采用坚硬的金属和皮革。铠甲的甲片，有长条形和鱼鳞形两种。比较常见的是在胸背部分采用小型的鱼鳞甲片，以便于俯仰活动。为了防止金属甲片磨损肌肤，武士在穿着裲裆铠时，里面还常衬有一件厚实的裲裆衫。它的形制与当时流行的裲裆铠相近。前后两大片，上用皮襻连缀，腰部另用皮带束紧。所用材料，大多为坚硬的金属和皮革，特别讲究的也用金丝。据《秦书》记载，那个在淝水之战中大败而逃的前秦王苻坚，所着“金银细铠”，就是“镂金为线”编织而成的。这一时期的武士外穿裲裆铠，里面衬有厚实的裲裆衫，头戴兜鍪，身着裤褶。北朝乐府民歌《企喻歌》对武士就做过这样的描写:“放马大泽中，草好马着膘。牌子铁裲裆，钰鉾翟尾条。前行看后行，齐著铁裲裆。前头看后头，齐著铁钰鉾”。由于裲裆铠制作精坚合体，正是当时骑兵理想的防护装具。

三是明光铠。“明光铠”一词的来源，据说与胸前和背后的圆护有关。因为这是一种在胸背之处装有金属圆护的铠甲。圆护大多用铜、铁等金属制成，并且打磨得精光锃亮，就像一面镜子。穿着它在太阳下作战，会反射出刺目的“明光”，令敌人眼花缭乱，头昏脑涨，故而得名“明光铠”。《周书·蔡祐传》就记有蔡祐身着明光铁铠，冲锋陷阵，所向披靡，敌人视之为“铁猛兽”，四散奔逃。

北朝着裲裆铠的武士俑。裲裆铠是南北朝时期最重要的铠甲，其特征是一片挡胸，一片挡背，在肩上用带子将前后两片扣联，腰间以腰带系扎。

隋代着明光铠的武士俑。隋代甲胄承袭南北朝晚期风格，主要类型是明光铠，与保护战马的具装铠配合使用。其形制有所变化，胸甲分作左右两片，居中纵束甲绊。

这种铠甲的样式很多，而且繁简不一，有的只是在裲裆的基础上前后各加两块圆护，有的则装有护肩、护膝，复杂的还有数重护肩。身甲大多长至臀部，腰间用皮带系束。明光铠在南北朝至北宋末年都非常盛行，说明它确实是一种防护力强的精良铠甲。

五、唐代铁铠

到了唐代，铠甲仍是军队的重要防护装具，种类繁多。初唐的铠甲和戎服基本保持着南北朝以来至隋代的样式和形制。贞观以后，进行了一系列服饰制度的改革，唐军的铠甲抛弃了魏晋时期的具装铠，演变为以明光铠为代表的唐十三铠，重量更轻，防御力却大大提升，逐渐形成了具有唐代风格的军戎服饰。唐高宗、武则天时期，国力鼎盛，天下承平，上层集团奢华之风日甚，戎服和铠甲大部分脱离了使用的功能，演变为美观豪华、以装饰为主的礼仪服饰。“安史之乱”后，重又恢复到金戈铁马时代的那种利于作战的实用状态。特别是铠甲，晚唐时已形成基本固定的形制。唐代的铠甲，据《唐六典》记载，有明光、光要、细鳞、山文、乌锤、白布、皂娟、布背、步兵、皮甲、木甲、锁子、马甲等13种。其中明光、光要、锁子、山文、乌锤、细鳞甲是铁甲，山文、乌锤、细鳞是以铠甲甲片的式样来命名的。皮甲、木甲、白布、皂娟、布背，则是以制造材料命名的。

明光铠在唐代还是主要的铠甲之一，《唐六典》把明光铠列在首位，唐代骑兵和步兵都有装备。唐代明光铠具有时代特征，按时间顺序和铠甲的结构变化，可以把唐代明光铠分为5种类型。代表第一类型的明光铠，以龙门石窟潜溪寺的天王雕像所披的铠甲为代表，铠甲带“十”字形伴在胸前，左右各有一金属圆护，肩覆披膊，腰带以下左右各有一片膝裙，以护住大腿，小腿上缚有“吊腿”，这与北朝时的明光铠不同，已发展为典型的唐代铠甲。代表第二类型的明

隋唐彩绘贴金武官俑

隋唐胡人将军俑。明光铠流行于南北朝至唐朝之间，胡人将军所穿的正是明光铠。

光铠是麟德元年（664年）郑仁泰墓出土的涂金釉陶俑，俑头戴着兜鍪，有顿项及护耳，颈有项护，甲身前部分为左右两片，每片中心有一小圆护，胸背甲在两肩上用带前后扣连，甲带由颈下纵束至胸前，再向左右分束到背后，然后束到腹部，腰带下左右各有一片膝裙，其下露出绿色绘宝相花纹的战裙。两肩的披膊分作两层，上层为虎头状，虎口中吐露出下层那片金缘的绿色披膊。代表第三类型的明光铠是总章元年（668年）李爽墓出土的陶俑，其中一件陶俑高99.5厘米。俑身贴金饰彩绘，脚下踏牛，所戴兜鍪左右的护耳外沿向上翻卷，颈上围着一周颈护，披膊呈龙首状。胸甲从中间分成左右两个部分，上边有凸起来的圆形花图案，上缘用带向后与背甲扣连，从额下纵束甲带到胸甲处经一金属圆环与一横带相交，腰带上半露出护脐金属圆护，腰带下边左右各垂一膝裙，小腿缚扎“吊腿”。腹甲绘成山纹状，铠甲制作精细。代表第四类型的明光铠是长安三年（703年）独孤君妻元氏墓出土的彩釉陶俑。俑头戴兜鍪，护耳上翻，顶竖长缨。项护以下纵束甲带，从胸前横束到背后，胸甲从中间分成左右两个部分，上面各有一金属圆护。腰带以下垂膝裙，鹘尾，下缚“吊腿”。肩部覆披膊作龙首状。敦煌莫高窟盛唐时期的洞

隋唐彩绘骑兵泥俑

唐代着明光甲的武士俑。唐代明光甲是在隋代明光铠基础上发展而来的，它以兜鍪护头，兜鍪两侧有向上翻卷的护耳，有的兜鍪还缀有垂至肩背用以护颈的顿项。

唐代着明光甲的武士俑。明光甲胸甲一般分成左右两片，居中纵束甲绊，左右各有一面圆护，或作凸起的圆弧形花纹，两肩覆盖披膊，臂上套有臂护，腰间扎带，腰带之下有两片膝裙护住大腿，小腿上则多裹缚“吊腿”。可以看出，此种铠甲的结构已经非常完备。

五代着铠甲的武士图。从晚唐到五代十国，又出现了一种新型铠甲。其身甲分胸、背两部分，在肩部用宽带扣连，身甲上分别为长方形甲片、鱼鳞形甲片或山文甲，肩覆披膊，腰束大带，并在胸部另束一细带，腰带以下则左右各垂一片膝裙。

窟中，能够看见这种类型的铠甲，像第319窟和第79窟的天王像，铠甲上扣连着胸甲和背甲的带子刻画得较为明显。代表第五类型的明光铠是敦煌莫高窟第194窟的神王塑像，兜鍪的护耳部分翻转上翘，甲身连成一个整体，背甲和胸甲相连的带子，经过双肩在前扣住，胸部和腰部各束一带，腰带的上半部分露着护脐圆护，披膊做成虎头形，腿上缚着“吊腿”。这种类型的铠甲是综合了上述四种类型的铠甲变革而来的，为未来的铠甲制作创造了先例。铠甲从650年左右直到中唐时期，兜鍪下带有较长的护耳，下面可以连接到颈甲处，这样能够安全地保护住武士的头部，身甲胸部两边的金属圆护和背甲在肩头用带扣连，腹部上的金属圆护护住了士兵的整个前身，加上身甲下面垂着护双腿的膝裙和小腿上的“吊腿”，使得士兵的全身都得到铠甲的保护。从中可以看出，铠甲发展到唐代以后，制作相当考究，结构也更趋完善。

皮甲胄唐代仍在沿用，山西太原附近出土的陶俑，身披模拟的皮甲，结构简单，甲身连成一片。制作时先把皮革制成甲片，然后编缀

敦煌莫高窟第322窟神王塑像（最左侧与最右侧两尊塑像）

成铠甲。敦煌莫高窟第322窟的神王塑像身披的铠甲是模拟皮甲制作的，披膊和膝裙都是整片的，上面绘着横直的条纹，沿用着早期的制作工艺。

敦煌莫高窟第46窟西壁龛内北侧彩塑天王

敦煌莫高窟第46窟西壁龛内南侧彩塑天王

敦煌莫高窟第45窟西壁龛内北侧彩塑天王

第六章 铁骑纵横

一、秦汉骑兵

战国陶骑马俑。周人的传统服装是上衣下裳，东周时又有将衣、裳连成一体的深衣。由于裳裙长可掩脚及地，短亦过膝，骑马殊为不便。胡服则是上衣下裤，这是一种与骑马生活相适应的服装。这两件陶俑的服装是胡服。

骑兵作为一个兵种出现在中国古代军队中，大约开始于春秋战国之交。春秋史料中有中原各国骑兵的记载，如《韩非子·十过篇》记载，秦穆公二十四年（公元前636年），秦以"革车五百乘，畴骑二千，步卒五万，辅重耳入之于晋，立为晋君"。这里的"畴骑"，一般认为就是骑兵。又如，与秦穆公同时代的晋文公在伐邺时也用了骑兵，"赏其末则骑乘者存，赏其本则臣闻之郄虎"。这里所说的"骑乘"，绝不是一般的骑马者，显然是骑兵。秦人早就以养马著称，直至周代还是一个以畜牧为主的民族，主要是牧马。《史记·秦本纪》说："费昌当夏桀之时，去夏归商，为汤御。"又说："孟戏、中衍，鸟身人言，帝太戊闻而卜之使御。"之后，"造父以善御幸于周缪王，得骥、温骊、骅绥、騄耳之驷"。直至周孝王时，"非子居犬丘，好马及畜"。秦地处西北，长期与戎狄杂居，这就为骑兵的产生创造了条件。从秦仲时起，秦与戎狄的战争一直未断，连秦仲都被戎狄所杀。秦人为了对付戎狄，学习戎狄胡服骑射是很正常的。周平王东迁后，戎狄大量内徙，西周古地成为杂居区，秦国经过长期对戎狄的战争，不断融合戎狄人。《史记·秦本纪》记载："(秦惠文王)十一年，县义渠。义渠君为臣。"所以说，秦率先在中原发展骑兵。晋文公时，为了对付北方狄人骑兵的侵扰，也建立了自己的骑兵。

骑兵在战国时有了进一步的发展。大规模野战和围城战的频繁发生，要求部队具有快速反应、灵活机动的突击能力，这就促进了骑兵的迅速发展。陕西咸阳出土了两件战国骑马俑，这两件泥质灰陶俑皆为公马，马头有朱彩画的络头，在颈的两侧各有朱绘两条辔绳。俑头戴宽折沿帽，身穿交领左衽短褶，下着短裤，脚蹬长筒靴，两手半握，左手前伸，似在牵辔绳，右手下垂，似执一物，木质已朽不清，两腿前屈，骑于马背上。这两件骑马俑是我国古代中原地区出土的最早的骑马俑形象，为探讨秦国的骑兵发展史提供了新的资料。这两件骑马俑是一位低级军官墓中的随葬品，虽不可能全面反映当时秦国骑兵的实际情况，但也显露出秦国骑兵的一些蛛丝马迹。

公元前305年，为了对付北方的匈奴和西边的秦国，赵武灵王抱着"虽驱世以笑我，胡地、中山吾必有之"的坚强信念，决心整军经武，学习胡人穿短装、习骑射之长，克服中原人宽袍大袖、重甲循兵、只善车战之短，以便骑马驰逐。将原来双襟交输于背，宽袖、长襦的中原服装，改为双襟交输于胸前右侧，紧袖高领的上衣。这种仿自北方游牧民族的军服，窄袖短袍，皮靴革带，既耐寒又行动灵活，便于骑马射箭。为了推行这一改革，赵武灵王"无顾天下之议"，与周围的贵族臣僚进行了顽强的斗争，正如翦伯赞先生所指出的："我说赵武灵王是一英雄，不仅仅是因为他筑了一条长城，更重要的是因为他敢于发布'胡服骑射'的命令。要知道，他在当时发布这个命令，实质上就是同最顽固的传统习惯和保守思想宣战。"赵国胡服骑射的结果，扩大了骑兵队伍，并在边境设置"骑邑"，即训练与驻屯骑兵之所，很快在战争中取得了成效："西略胡地，至榆中。林胡王献马"；"攘地北至燕代，西至云中、九原"；"灭中山"。战国后期，各国纷纷仿效

彩绘陶骑兵俑。这是汉高祖长陵陪葬墓出土的骑兵俑，是皇室骑兵的形象。

赵国，建立或扩大骑兵。据《战国策》所载当时苏秦、张仪的话，秦国有“骑万匹”，魏国有“骑六千匹”，楚国有“骑万匹”，燕国有“骑六千匹”，这些数字虽然不会很准确，和车兵、步兵比较起来也只是一个很小的数字，但是由此可见，一支支骑兵队伍终于在中原大地上出现了。不仅如此，有些将帅也不再是坐在车上，而是骑在马上指挥作战了，如赵国名将廉颇就善骑射，在年迈时仍能“被（披）甲上马”。有的军事家还就骑兵的作战特点作了总结，如《孙膑兵法·八阵》就说过：“易（地形平坦）则多其车，险则多其骑。”《六韬》中对骑兵的论述就更多了。

在秦统一全国的战争中，虽然传统的车战仍占有重要的地位，步兵仍是军队的主体，骑兵所占比例很少，大约占军队总数的1%，但骑兵的地位却日益重要。他们常常担任突击、迂回、断粮、追击等任务，同时为加强主力部队的机动性，也改良了战车，减轻了其重量，将车骑编组在一起，使“轻车锐骑”配合战斗。骑

秦代骑兵俑

汉铜兵马阵，甘肃武威雷台出土。

石雕骑兵。这是汉朝骑兵的形象。他们多在西北寒冷地区征战，需要饮酒御寒，因此备有饮酒器具。

兵部队从属于作为全军主力的战车部队，保护战车部队的侧翼。在秦末农民起义和楚汉之争中，骑兵在战争中发挥了很大的作用，并在部队中普遍设置了专门统率骑兵的各级指挥官“骑将”、“骑都尉”等。例如，刘邦的军队仍以车兵、步兵为主，但由大将灌婴率领的骑兵部队——“郎中骑兵”却在楚汉战争的高潮中组建，每战皆克，“破军十六，降城四十六”，其中包括追杀项羽的重大胜利：“追项籍（即项羽）至东城，破之，所将卒五人共斩项籍，皆赐爵列侯”。

汉王朝建立之后，受到北方强悍匈奴骑兵的威胁。公元前200年左右，匈奴骑兵突然包围了并州北部的马匹交易地马邑，紧接着又南侵太原，迫使刘邦亲率32万大军北上反击，一直攻到平城（今大同市）。但是习惯于中原作战的汉车步兵完全不适应机动的骑战，一夜之间被30多万匈奴骑兵包围于平城东17里的白登

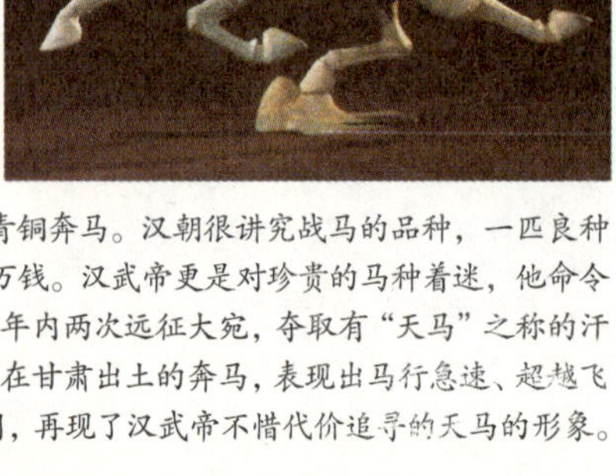

汉朝青铜奔马。汉朝很讲究战马的品种，一匹良种马价值20万钱。汉武帝更是对珍贵的马种着迷，他命令李广利在4年内两次远征大宛，夺取有“天马”之称的汗血马。这件在甘肃出土的奔马，表现出马行急速、超越飞燕的一瞬间，再现了汉武帝不惜代价追寻的天马的形象。

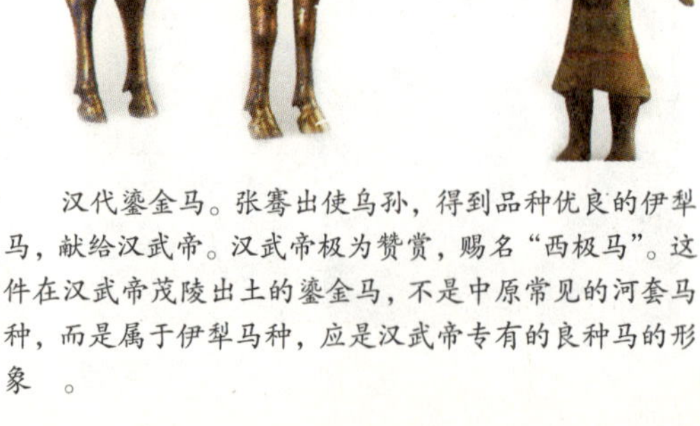

汉代鎏金马。张骞出使乌孙，得到品种优良的伊犁马，献给汉武帝。汉武帝极为赞赏，赐名“西极马”。这件在汉武帝茂陵出土的鎏金马，不是中原常见的河套马种，而是属于伊犁马种，应是汉武帝专有的良种马的形象。

卫青像

山，最后只好以和亲为条件，订下了屈辱的城下之盟。此为汉与匈奴的第一次大战。此后汉朝因建立初始，百废待兴，只好在军事上采取守势，力求以和亲和财物供奉的方式维持边境的和平。

在以后的时间里，汉朝历经文、景两帝，一方面休养生息，发展生产；一方面开始调整军队的兵种结构，大力建设骑兵部队。如文帝时规定，每一农户要养马一匹，以资军需。匈奴方面则占领了河西走廊，又征服了西域，从正北和西北两个方向对中原地区形成包围之势。从公元前180年至公元前146年间，匈奴骑兵频繁地对从陇西到辽东的长城以南地区进行掳掠袭扰，边境冲突不断。汉军也进行了坚决的反击，有力地遏制了匈奴向中原的推进之势，使战线稳定在西北边境线上。这一时期可以称之为相持阶段。

自元光六年（公元前129年）开始，汉武帝先后发起了深入匈奴境内的大规模反击行动：漠南之战、河西之战和漠北之战。汉军通过漠南、河西两次作战，攻占了河西走廊，收复了“河南”地区，并打通了通向西域的道路，断绝了匈奴与西羌的联系。元狩四年（公元前119年）春，汉军又决心深入漠北，寻歼匈奴主力，遂发动了漠北之战。此战由卫青和霍去病各率骑兵5万，步兵后勤和支援部队数十万人分两路进击漠北。卫青出定襄，深入敌境1000余里，击溃了匈奴军主力，斩杀2万余人，兵至杭爱山南麓而还。霍去病出代郡，北进2000余里，破匈

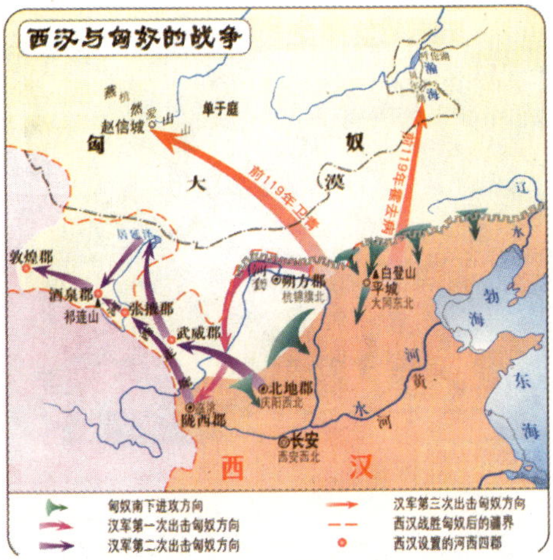

西汉与匈奴的战争示意图

胡汉交战画像石。画像石是刻在墓室墙壁的图画，通常以生活或大事为主要题材，部分内容可与史书相互印证。汉朝时，对匈奴长期征战，统治者又把武功视为荣耀，因而胡汉交战就成为画像石的题材之一。画中的汉朝官兵正与胡兵格杀，双方短兵相接，战斗激烈。

奴左贤王，尽歼其精锐7万余人，兵锋一直逼至贝加尔湖畔。

漠北之战是汉军实施的规模最大的远距离骑兵集团作战，充分显示了汉军骑兵的独立作战水平和后勤支援能力。此战虽然迫使匈奴放弃漠南，向西北方远遁，但汉军也付出了惨重的代价。据汉史资料所记，当时卫青、霍去病两军出塞时，塞上登记的过境马匹共14万匹，而战后入塞时则不足3万匹，死亡的步卒也达数万名。故此战之后，汉军由于缺少战马，已无力实施追击了；而匈奴伤亡殆尽，自然也不敢再来入边。直至公元前114年，汉将公孙贺率1.5万骑兵从九原再次出塞，行军2000余里，竟然看不见一个匈奴人。后又派赵破奴从令居出塞，直至匈奴河水（杭爱山南麓），也看不到一个匈奴人。

10年以后，太初元年（公元前104年），汉军再次攻击匈奴右部，匈奴北退，大军西征，爆发了楼兰之战。此后近30年，汉匈之间又展开了对西域的争夺战。直至汉宣帝五凤四年（公元前54年），匈奴国分裂，南匈奴降汉回归漠南，北匈

马踏匈奴石雕。这是霍去病墓前众多石雕之一，是汉武帝为表彰霍去病出征匈奴的功绩而建立的纪念碑。

霍去病墓。霍去病（前140年—前117年），官至骠骑将军。18岁跟随卫青出征匈奴，曾先后6次打通了河西走廊与西域之间的交通。

汉代骑兵俑。陕西咸阳杨家湾出土。

奴应康居国王之邀（在咸海与巴尔克什湖之间）西迁至都赖水（恒罗斯河）上游。至此，匈奴势力才不再对中原地区构成威胁。事实上，直到东汉永元二年（90年）的金微山（阿尔泰山）之战以后，北匈奴的势力才最后退出中亚地区。他们先是西迁至康居，之后又离开康居，绕过咸海，一直向西走到伏尔加河流域定居下来，成为4世纪时伏尔加河流域匈人的祖先。

汉匈战争改变了传统的中原作战方式。原来只是作为军之“耳目”的骑兵部队现在成为作战的主力，而步兵的作战对象已不单纯是敌方的步兵，必须具备抗击敌骑兵密集攻击的能力，因此弓弩兵的配置受到重视。如武帝时的名将李陵任骑都尉时，曾受命在酒泉、张掖训练5000名步兵弓箭手。他在以步兵抗击敌优势骑兵的进攻时，便是令步兵利用地形用弓弩给敌骑兵以重大杀伤的。战车则更多地用于防御，而不是攻击，如漠北作战时，汉军与匈奴主力遭遇后，便将武刚车（长二丈，阔一丈四，车外侧绑长矛，内侧置大盾，形成一个战斗掩体，既可防敌骑兵突击，又可防箭射杀。）环绕为营，以防敌骑突袭。由于匈奴骑兵出没无常，塞外行军也采取疏散的队形，而且把侦察部队派出很远，以便及时报警。正是这样长期的作战环境，迫使汉朝军队摆脱了楚汉战争时期以步兵为主的作战方式，开始进入骑战时代。

东汉铜骑俑。甘肃武威雷台出土。这个时代的骑兵马具，由衔、镳、络头和辔组成的勒马之具已经完备，马鞍正逐渐改进。东汉时期已使用高鞍桥的硬马鞍，但还没有马镫。

"卜"字形铁戟。铁戟的戟刺尖锐细长，侧旁小枝由原来宽肥而有中脊变成像前锋一样窄长尖利。"内"已消失，缚柄的胡加长，整个戟近似于"卜"字形，故称"卜字戟"。这种铁戟刃锋尖利，杀伤力强，是步骑兵的主要兵器。两汉以后，戟的形状有了新的变化，小枝由原来与戟体垂直，变成了小枝垂直横出后，稍向上弧曲，枝刺上扬，进一步增强了戟的杀伤力。

二、马稍代戟

西汉时期，骑兵队伍不断发展壮大，成为军队中的主力军，这就需要制造适用于骑兵格斗的长柄兵器。在以车战为主要战争形式的时代，青铜戟以钩斫为主要功能，以适应两车错毂时格斗。到战国末年，随着冶铁技术的发展，已开始用钢铁戟；但当骑兵发展以后，为适应骑兵格斗的需要，戟在改变了质料以后，又改变了形状。因为当双方的骑兵相对驰马冲击时，就需要借助快速冲刺的力量来加强兵器的效能，才能更有力地杀伤对方。为此，戟必须由钩斫为主改为前刺为主，因此，战国末期钢铁戟出现时已使用"卜"字形。到汉代，便将戟刺加长，刺锋更尖锐。从此，格斗兵器钢铁戟成为古代骑兵的主要兵器装备。钢铁戟从战国末年开始出现，历经西汉、东汉、魏晋近8个世纪的久远历史，曾被西晋名将周处誉为"五兵之雄"。《史记·平原君列传》中记述毛遂游说楚王时说："今楚地方五千里，持戟百万，此霸王之资也。"《史记·项羽本纪》中记载，西楚霸王项羽曾"被甲持戟"，向汉王刘邦挑战。在青海大通上孙家寨出土的第132号简文中出现了"马戟"的名称。杭州古荡汉墓和盱眙东阳汉墓出土的长柲钢铁戟，全长226厘米~250厘米，步兵使用稍嫌过长，这可能是汉简中所指骑兵使用的马戟。山东腾县西户口出土的画像石上，可以看到用戟钩斫敌人脖颈时的战斗画面。

青铜戟

东汉以后，为了满足骑兵和步兵在战场上拼杀的需要，铁戟的形制有了新的变化，戟旁侧的戟枝前翘成钩

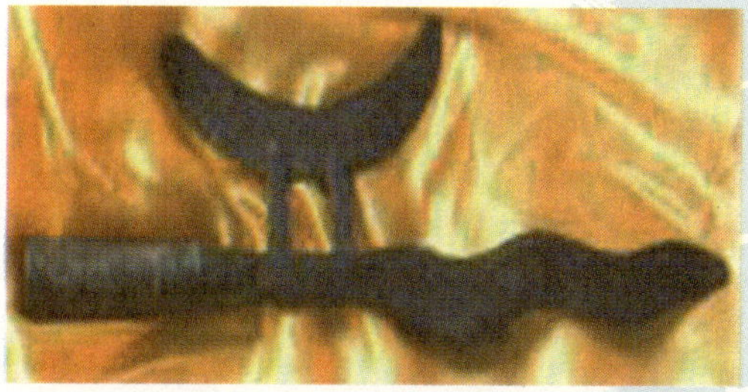
铁戟

刺，更增强了向前扎刺的功能，而丧失了向后钩斫的功能。1959年在江苏省泰州新庄东汉晚期墓中出土的一件铁戟，残长18厘米，刺、枝垂直相交成“卜”字形戟。1972年在江西省南昌市东汉早期墓出土的一件铁戟，刺与枝垂直相交，长胡四穿，穿均置于有枝的一侧，另一侧有刃向上与刺刃相接，二者相接处稍向弧处凸起，原应有鞘，鞘端的铜镖现仍锈合在刺锋端，枝锋已残。1976年在湖南省郴州市郊东汉墓发掘中，出土了两件铁戟，一件刺锋已残，刺有中脊，两侧有刃，断面呈菱形。旁伸的戟枝上翘，在刺、胡相交处有铜柲帽；另一件较小，侧旁伸出的戟枝也是尖端上翘，形成向前的钩刺。在汉代画像石中，有两幅描绘骑兵用戟战斗的画面，分别发现于孝堂山和汶上孙家村，不过描绘的都是从后追击敌人时采用传统的回拉钩斫的手法。但在面对面同敌人搏击时，则是用戟刺和用前翘的戟枝叉敌人的胸部。《后汉书·虞延传》也有“陛戟郎以戟刺延”的说法，说明当时用戟的手法主要是叉和刺。

持戟的西汉骑兵

到汉末和三国时期，长矛、马稍多盛行于西北和东北边陲一带。《三国志·魏书·郑浑传》注引张璠《汉记》载，在西北边陲，关西诸郡因“数与胡战”，因而连妇女都“载戟挟矛，弦弓负矢”。因此，马稍的盛行大概与地域和民族有着密切的关系。到了南北朝时期，马稍取代了汉代末年至三国时期盛行的马戟，成为重甲骑兵使用的长柄格斗兵器。

东晋永和十三年（357年）冬寿墓壁画中，在冬寿统军出行时乘坐的牛车前面行进的步兵，所装备的兵器是戟和盾，画面上的戟是双叉形，而在牛车两翼行进的重甲骑兵手中所执的兵器是长柄的稍。这幅壁画表明了当时重甲骑兵已淘汰传统的马戟，

南北朝时重甲骑兵战斗图。敦煌296窟北周壁画。魏晋以来，骑兵的主要格斗武器一是矟，二是刀，所谓“长矟侵天半，轮刀耀日光”。这幅画反映了官军（重甲骑兵）和强盗的战斗，其结果是强盗溃败。

其主要的兵器是马矟，但步兵还装备着传统的戟和盾作战。冬寿墓壁画还表明，到晋朝时，铁戟已制成双叉形，在战斗中主要是向前叉刺，而失去了传统的钩斫性能，向着以刺杀对方的矛类兵器靠近。为了穿透或斫断骑兵的铠甲和战马的具装铠，戟虽已改进成双叉状，但因它的刺与枝都较窄，穿透力不及长身阔体的两刃矟。而在制造技术上，锻制在刺旁加伸前折小枝的戟要比锻制矟的工艺复杂，因此制作工艺简便的马矟更适合战争的需要。从十六国到南北朝时期，骑兵的主要长柄格斗兵器由汉魏时的马戟改为马矟。特别是建立北魏王朝的鲜卑族更是以善用矟而著称于世，这也是当时以矟代戟的原因之一。

持“卜”字形戟的武士

为了适应骑兵征战的需要，在汉代已有马矟使用。《释名》中载，汉代的矟长一丈八尺，到南北朝时将矟柄加长，到梁时马矟已长二丈四尺，增长到汉矟长度的一倍半。而且也将矟的刃部增长加宽并制成两刃，以增强矟的杀伤力。可以引“折树矟”故事为例。梁大同三年（537年），少府新制的两刃矟，长二丈四尺。当时让羊侃试矟，“侃执矟上马，左右击刺，特尽其妙”。当时观看他使用矟的人很多，有的人登上树去看，“梁主曰：‘此树必为侍中折矣’，俄而果折，因号此矟为‘折树矟’。”当时矟上的装饰物是幡，北魏禁卫皇室的步兵所用的矟采用乌黑色，缀接黑蛙蟆幡。

直到唐代，马矟仍是骑兵使用的主要长柄格斗兵器，唐太宗李世民麾下的主要将领，例如程知节、尉迟敬德都善于使用马矟，

甲骑具装与步兵战斗图。敦煌296窟北周壁画。魏晋以来，骑兵盛用矟。《释名·释兵》说："矛长丈八尺曰矟，马上所持，言其矟便杀也。"这种骑兵用矛的标准长度为一丈八尺，故又被称为"丈八蛇矛"。十六国《陇上歌》有"丈八蛇矛左右盘"之句。

特别是尉迟敬德，不但善于躲避敌人的矟，还可以空手夺矟来还刺敌人。据说李元吉(李世民之弟)也是善于用矟的，他曾经和尉迟敬德比武，但被尉迟敬德接连三次夺去了矟，他对尉迟敬德大为佩服。

汉魏时期作为主要兵器的长戟，到唐代已经从实战中淘汰了，但摆在王公官僚的门前，即所谓"列戟"。从西安发现的唐墓壁画里，常可看见陈放门戟的架子。其中年代最早的就是淮安郡王李寿墓，画中列戟2架，每架各7支戟，共14支戟。至于级别最高的懿德太子李重润墓，因葬制"号墓为陵"，因此画中列戟2架，每架上各放门戟12支，共24支戟，这是和当时皇帝宫殿外的列戟数目相同的。门戟制度到宋代仍在沿袭，并规定戟刃改为木质，使戟完全失去了兵器的功能，仅为仪仗品。

除了矟以外，南北朝时军中使用的另一种主要格斗兵器是刀。我们从画像石上看到过手执刀、盾的骑兵形象，例如山东沂南汉墓墓门楣石上的征战图中，从其面相上看，似乎是古代少数民族的骑兵，而且所执的刀比较短。到南北朝时期则使用较长的刀，如"七尺大刀"，勇敢善战的骑兵甚至还可以一手使矟，一手用刀，《陇上歌》里称颂的陈安，就是刀矟并举的。从三国到南北朝，主要沿用汉代以来传统的柄首带有扁圆大环的直体刀，刀环制作精美，在南北朝时常饰以各种鸟兽的形象。如北周皇宫警卫所用的刀，有龙环、凤环、麟环、狮子环、象环、凹环、熊环等多种刀环。从东晋开始，对刀的外形有些新的改

尉迟敬德像

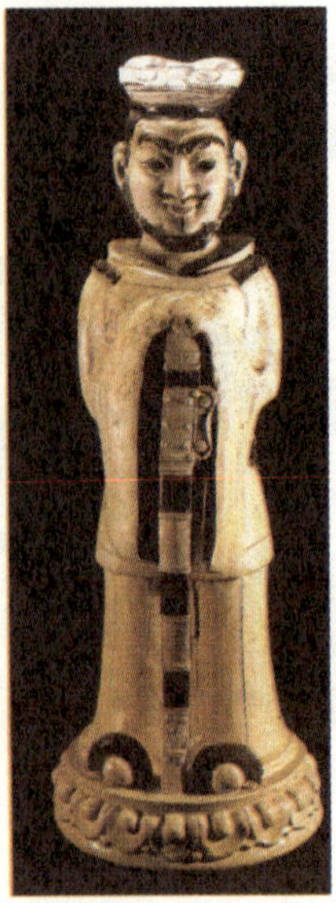

隋代持刀武官俑。隋代有一些步兵使用的明光铠，其形制特点为腰腹以下一般有较长的膝裙和腿裙。

唐代按刀仪卫图。隋唐时期，环首长刀仍被继续使用，特别是在隋代，仍是步、骑兵的主要短柄格斗兵器。入唐以后，一种柄部设有护格、柄首设有环形的长刀逐渐兴起，并广泛用于平常的佩饰。

进。例如尝试着把刀锋端稍微加阔些，从而使刀尖微有上翘，把狭直的斜方刀头改为前锐后斜的形状，同时还尝试着把刀柄改成圆銎状，以插装较长的刀柄。上述两种形状的铁刀，在江苏省镇江市附近的东晋墓中出土过。带有圆銎状柄的刀，到唐代以后成为军中用刀的主要类型，一直沿用到明清时期。

南北朝时期骑兵装备的主要远射兵器是弓和弩。敦煌莫高窟第285窟西魏壁画所绘重甲骑兵都佩带着弓囊和箭箙。箭镞普遍使用钢铁箭镞，其形状有三棱形镞和扁平状镞两种。在辽宁北票发掘的北燕冯素弗墓中出土的铁镞多达130多件，都是扁平形状的，中间有脊，剖面呈菱形，镞后尾接有较长的铁铤，铤上有缠绕一段的银丝，然后插入竹箭杆中。该墓中还出土有8枚鸣镝，都是前端安有三翼状铁镞，铤部插入竹箭杆内，然后在铁镞下面的箭杆上贯穿一枚橄榄形的骨哨，哨上斜钻5个小孔，发射后可产生鸣响。在北魏文明皇太后冯氏陵墓中，也发现有少量的铁镞，它们中有3枚镞呈三棱形，另有7枚镞的镞体扁平而镞锋呈平头的铲形。类似的扁体铲形镞，在吉林集安高句丽族的积石墓中也有出土，表明平头铲形的铁镞是北方和东北地区各族流行的样式。这时骑兵使用的弩还是臂张弩。

唐代持刀强人图。唐代钢铁刀的制造技术又有发展，已能制作刀身和刀刃质料不同的钢铁复合刀。

三、重甲骑兵与马镫

魏晋南北朝至隋唐时期是我国古代骑兵发展史上继两汉骑兵兴盛之后的又一个大繁荣阶段。这主要表现为骑兵始终是中原地区军队的主力，骑战成为当时主要的作战形式，重甲骑兵进入全面发展时期，马镫的发明与使用，使骑兵的战斗力得以更好的发挥。

嘉峪关魏晋墓中的骑兵出行壁画

自三国时起，与秦汉时期骑兵主要用于漠北、漠南等边地作战不同的是，骑兵的作战地域转移到内地北方。三国时骑兵最为强盛的当数曹魏，其骑兵在军队中占有绝对主力地位，曾在统一北方的战争中发挥过决定性的作用。所拥有的乌桓三郡“天下名骑”及曹纯虎豹骑那样的“天下骁锐”之实力，是蜀汉、东吴骑兵无法比拟的。不过，当时的骑兵尚未配备马镫，这当然限制了骑兵战斗力的进一步发挥。西晋的兵种建设承袭曹魏，骑兵也为军中的主力，当时行军作战，常以步、骑配合，步、骑配合的比例大约在十比二三之间，骑兵数量虽较步兵少，但却在步、骑协同作战中处于主导地位。

骑兵的进一步发展是在十六国北朝时期。这些政权是游牧民族入主中原所建立的，骑马善射为其所长，这就使得骑兵理所当然地成为军队的主力。如前赵中央兵力近30万，后赵中央兵力50余万，主要由骑兵组成；前秦苻坚南伐东晋，率

双层甲胄骑兵俑。南朝以后，随着北方少数民族入主中原，出现了极具时代特色的甲骑具装俑。

“戎卒六十余万，骑二十七万”，骑兵也占其总兵力的1/3。在战争中，动辄投入骑兵数万或十几万，最多时竟高达数十万，如北魏拓跋焘平定中原时，常动用骑兵10余万，最多时为40万左右，即可见骑兵数量之多、作用之大。

隋唐期间，骑兵在军队中的地位仍十分重要，不但数量众多，而且常常在战争中扮演决定胜负的角色。唐初统一全国之战中，骑兵就发挥过关键性的作用，这从霍邑之战、虎牢之战中得到充分的体现。唐代反击突厥、攻灭高昌、大破吐谷浑等战事，也处处显示了骑兵克敌制胜的神威。与之相适应，当时的马政建设也十分发达，如北魏先后有规模宏大的4个官办畜牧场，经常储备战马数十万匹，以备军用。又如唐代前期，拥有战马“七十万六千，置八坊，岐、豳、泾、宁间，地广千里”，时称“秦汉以来，唐马最盛”（《新唐书·兵志》）。

西魏重甲骑兵和步兵战斗图。这幅壁画提供了东晋十六国和南北朝时期战争场面的形象资料。当时军队的主力是人和马都披铠甲的重甲骑兵，战斗的胜负通常取决于他们之间的较量，装备简陋的步兵一般无法与之抗衡。

四骑士与指挥官。敦煌的西魏壁画显示，战马除眼、鼻和四足外，全身都有铠甲的保护。

南朝马具装画像砖。到了东晋、十六国和南北朝时期，具装铠的使用就非常普遍了，军队中装备的数量达到以千计、以万计，重甲骑兵成为军队的主力。

当时骑兵大发展的另一个重要标志，是重甲骑兵的出现。所谓重甲骑兵，就是人和马都披铁甲的骑兵，当时称“甲骑”或“铁骑”。这种骑兵具有较强的防护力和集团冲击力，在对没有装甲的轻骑或步兵做正面突击时，具有很强的杀伤力。

重甲骑兵最早出现于三国时期，当时开始使用马铠，如官渡之战中，袁绍已拥有马铠300具；曹操与马超大战于潼关时，拥有铁骑5000，“精光耀日”。到十六国北朝时期，则是重甲骑兵发展的关键时期，当时马铠大幅度增加，成批装备于骑兵部队，称为“具装铠”，使得重甲骑兵在整个骑兵部队中占了相当大的比例。据记载，在当时的战争中，铁骑经常成千上万甚至数万用于战场交锋。如石勒在襄国保卫战中，大败鲜卑段疾陆眷，击溃其骑兵5万之众，“枕尸三十余里，获铠马五千匹”，此战的铁骑数为骑兵总数的1/10。石勒击破刘琨部将箕澹10万余众，获其铠马万匹，铠马数也占总兵力的1/10。南燕有步卒37万，“铁骑五万三千”，铁骑数占总兵力的1/8。这些例子均表明，铁骑的确已成为骑兵中的重要组成部分并被大量应用于作战行动。

北齐甲骑具装俑。三国时出现了比较完备的具装铠，但在西晋以前，具装铠的使用一直很有限。

铁骑虽具有独特的优势，但是也存在着一定的弱点，即人和马匹的负担过重，降低了骑兵特有的快速突击能力与机动作战能力。所以，这一时

十六国甲骑具装俑。晋以后，骑兵保护战马的铠甲多称为“具装”或“具装铠”。

隋代甲骑具装俑，山西太原斛律彻墓出土。

西晋陶骑俑，湖南长沙出土。这是我国发现的时代最早的有关马镫的资料之一。此俑只在马鞍的左侧前缘塑有一个镫革很短的三角形小镫（右侧没有），这种镫仅供上马时踏足用，骑好后就不再使用，应是马镫较原始的形态。

期各政权在重视发展重甲骑兵的同时，也充分利用轻骑兵机动灵活的特点，常用它实施长途奔袭。这些轻骑兵常备有“兼马”，“马皆有副”，即每个兵士拥有战马两匹，在长途奔袭时可以两马互乘，从而保持进军的速度，可迅速赶到预定战场，给敌以歼灭性的打击。进入唐代后，轻骑的地位与作用尤其受到重视，并逐渐代替了重甲骑兵的位置，这就对战法的变化产生了较大的影响，迂回、奔袭更为普遍，战争的运动性进一步增强。

这一时期骑兵大发展的一个重要环节，是马镫的发明与使用。已知最早的马镫见于长沙西晋墓出土的陶俑，这是起上下踏脚作用的短镫。用于实战的长镫则见于东晋时期制作的陶俑，而最早的长马镫的实物则发现于辽宁一座北燕期间的墓葬之中。马镫虽小，但对于骑兵的发展、骑战水平的提高却具有十分重要的意义。因为有了马镫，骑手双脚便有了支撑点，可以用腿力完全控驭战马，这便使双手均可用于战斗，同时骑手也可以用全身的力量进行格架、击刺，便于使用长短兵器进行马上交锋。此外，双脚踩镫，使人马完全合为一体，骑手便可完成马上站立、俯身、马侧藏身等以前不可能做到的战术动作，从而增强了骑兵的作战能力。

十六国马镫（双镫）。辽宁北票北燕冯素弗墓出土。马镫的发展，经历了从初起的单镫到较为完备的双镫这样一个过程。用于骑乘时踩踏的双镫，大约是在东晋十六国时期出现的。东晋十六国墓葬中出土的双镫实物和带双镫的陶马俑，是世界上双马镫的最早资料。

唐代甲骑具装俑。陕西唐代乾县懿德太子墓出土。入唐以后，重甲骑兵衰弱，但甲骑装具仍是帝王铠仗的组成部分，这些彩绘描金的甲骑具装俑，便是表现帝王铠仗中的甲骑。

四、铁铠轻骑

中国古代的重甲骑兵从东晋十六国时期到隋代，一直作为所向披靡的重要角色活跃于战争舞台。到了唐代，人披铠甲、马不披铠甲的轻骑兵逐渐多了起来，布、绵织的战袍也受到欢迎，逐渐取代了笨重的铠甲。但在北方游牧民族中，重甲骑兵并没有立即退出战争舞台。辽金西夏时期仍有轻骑兵与重甲骑兵并存或混编的现象，有的重甲骑兵甚至在战争中一度起到了决定胜负的作用。

重甲骑兵及轻骑兵。重甲骑兵人马皆披甲，轻骑兵则马不披甲。

按规定，辽朝将士在出征时应自备人披铁甲和马甲，以保护战马和骑士肢体免受对方兵器的伤害。但这些铁甲大多不会是沉重的全装铁甲，可能是只有前后掩心的非全装甲胄。在金朝军队中，轻骑兵在与宋军步兵的野外交锋中，惯常使用三生阵（即骑兵两翼包抄战法）、楔形阵，发挥战马高速冲击的特长，将军心不稳、立足不定的步兵队伍冲散击溃。1126年，17名金军轻骑兵曾用楔形阵队形突破宋军2000名步兵的正面拦截，宋军伤亡过半，金军骑兵却无一伤亡。但面对由精干的弓箭手担任骨干，而且作战队形排列整齐的宋军步兵的阻击，轻骑兵的冲击就无法奏效了。不等轻骑兵逼近，狂风暴雨般的弓弩齐射就会将他们全部射杀。在这种情况下，金军常常排出轻重骑兵混编的作战队形，即“每五十人为一队，前二十人全装重甲，持棍枪，后三十人轻甲操弓矢。每遇敌必有一二人跃马而出，先观阵之虚实，或向其左右前后结队驰

辽《鹰军图》摹本，发现于内蒙古赤峰市敖汉旗。

击之”（《三朝北盟会编》卷 3）。

至于完全由重甲骑兵组成的部队，根据史籍和考古资料显示，在辽金西夏军队中都曾存在过。比如由辽朝皇帝亲自统率的御林军“鹰军”即为重甲骑兵。近年在内蒙古赤峰市敖汉旗发现的一幅辽代《鹰军图》，生动地描绘出这支军队的情形。当地辽墓出土的大量铁甲片中，有一种长约 10 厘米的上宽下窄的大型甲片，应属于辽代重甲骑兵的马甲甲片。金军重甲骑兵又称“铁浮图”或“铁塔兵”，该军士兵“被两重铁兜牟，周匝皆缀长檐，其下乃有毡枕。三人为伍，以皮索相连，后用拒子马（一种木架结构的军用障碍物）。人进一步，移马子一步，示不反顾”（《三朝北盟会编》卷 102）。西夏的重甲骑兵则通常与步兵结合起来使用，史称西夏“用兵多立虚砦，设伏兵包敌，以铁骑为前军，乘善马，重甲，刺斫不入；用钩索绞联，虽死马上不坠。遇战则先出铁骑冲宋阵，阵乱则冲击之，步兵挟骑以进”（《宋史·夏国传下》）。

鉴于宋朝步兵在与辽金西夏骑兵的交锋中屡屡败北，宋军将领除大量构筑城

涂金彩绘甲马群。人马俱披金甲的骑兵队，尽显大唐皇室的雄风。

宋人绘《胡笳十八拍图》中的甲马

邑，凭借筑城工事抗击敌人外，也创造了一些在山地或平原野战中对付骑兵的新战法。如抗金名将吴玠在西北地区首创了“以分队制骑兵”、“休番迭战”、“垒阵法”等战法。“以分队制骑兵”，就是利用西北黄土高原沟壑纵横，不便于金军骑兵展开和集团冲击的地形，分别派遣分队从不同方向、在不同地点，灵活机动地向金军骑兵发起攻击，迫使其多方应战，四处分兵，难以并力集中一个方向，然后伺机反击，吃掉敌人。“休番迭战”，是根据金军善于吃苦、坚忍耐战的特点，派部队不停地扰乱敌人的阵地或营地，破坏其后勤补给线，尽量疲惫、消耗敌人，令其穷于应付，为大规模出击创造条件。“垒阵法”，则针对金军骑兵惯披重甲和善于射箭的特点，在野外布阵时以步兵为中坚，骑兵为左右翼，长枪、弓弩依次排列。当敌人进攻时，先以劲弩射其重甲，后以强弓射其骑士，最后是长枪手进行近战格斗。1133年，吴玠率数千人坚守位于今陕西石泉的饶风关，宋军据守险地，居高临下，以强弓劲弩猛射金兵，又滚下巨石砸压金兵。金兵虽前仆后继，但披戴重甲后躲避不及，死伤极大。双方激战6昼夜，金兵顺小路绕到山后制高点，两面夹击，终于将宋军击退，吴玠被迫退入仙人关（今陕西凤县西南）据守。两个月后，金军在久战无功、粮饷不继的情况下，引兵向凤翔方向撤退，吴玠趁机邀击，金兵无心恋战，坠涧死者数以千计，不得不丢下辎重，狼狈逃走。第二年，金军元帅宗弼率10万大军再攻仙人关，宋军在苦战之后退守第二道防线。宗弼以为大捷在望，遂派出精兵，人穿重甲，铁刃相连，鱼贯而上。宋军则以密集箭矢迎击金兵。激战到傍晚，吴玠使出他的“撒手锏”——派田晟率兵以大刀、大斧左

南宋抗金名将岳飞

右冲杀，夜晚又派兵突入敌营，射伤金兵大将韩常，金兵溃败逃走。经过这几次恶战，金军将帅明白了以往所向披靡的重甲骑兵已无法战胜有备而来的宋朝步兵，只好暂守凤翔，放弃由陕入川的企图。

在平原地区，抗金名将岳飞首先在1134年对伪齐军李成部队的战斗中扬己之长，靠步骑协同作战取得了胜利。当时李成率兵10万迎战宋军，以骑兵列于长江两岸，以步兵列于平地之上。岳飞机敏地看出“步兵之利在险阻，骑兵之利在平旷”，李成这样部署兵力，恰好犯了兵家大忌。于是岳飞命持长枪的王贵的步兵攻击李成的骑兵，命牛皋的骑兵冲击其步兵。双方交手后不久，李成的战马就大都被长枪刺死，剩下的骑兵则被逼到江中；而李成的步兵则在宋军骑兵的包围下死伤枕藉。其后，在宋金大仪镇之战、顺昌之战、郾城之战、柘皋之战中，宋军将士手提麻扎刀、提刀、大斧入阵，专砍马足，而身披重甲的金军骑兵因行动迟缓，躲闪不灵，屡屡遭受重创。此后，北方游牧民族重甲骑兵逐渐退出战争舞台，由行动更迅速灵活的轻骑兵取而代之，成为战场上的佼佼者。

元军甲胄。元军甲胄制作极其精致，骑兵多披网甲（连环锁子甲），它是用铁丝、铜丝将铁甲片连接而成，内里衬以牛皮。

13世纪初，从大漠草原崛起的蒙古军队主要由携带轻便的环刀、斧、长短枪，披挂轻甲的轻骑兵组成。他们按照万户、千户、百户的编制组织起来，通常每个骑兵有一匹甚至多匹从马，轮换骑乘，且携带辎重，因此，他们的冲击力和长途奔袭的快速机动能力都要大大超过其他军队，其战术乃至战略运用

内蒙古成吉思汗陵保存的成吉思汗征战马鞍

元代鞍镫

都与以前各游牧民族骑兵有很大的不同。

在战术上，蒙古骑兵更注重发挥骑兵的速度，短暂接敌，高速突破，攻防的转换也更快。比如“更迭驰突”战术，就是要求在攻打敌阵时，如同凿子凿木一样，一点攻击，长驱直入。通常将攻击部队分成数队，梯次配备，轮番冲击。若第一队未能突破，则向两旁横驰，让开攻击点，由第二队继续进攻，直到突破为止。两翼包抄战术，是以部分兵力与敌正面交锋，同时延伸两翼包抄，逐渐缩小包围圈，最后四面总攻。在被围之敌顽抗不休时，则网开一面，趁其逃跑时掩袭。“追如鸷鸟”战术，是当敌人溃败时，要如鸷鸟捕食般紧追不放，力求全歼。疲敌战术，是当敌人壁垒森严或有拒马等障碍物阻挡骑兵冲击时，则派骑兵绕阵，时时发箭，骚扰敌阵，久之，敌人必定缺食、少柴、断水，疲惫不堪，然后可以发起攻击。诱伏战术，是指与敌人交锋时，故意示弱败退，丢弃辎重，吸引敌人追击，诱其进入埋伏圈，然后予以全歼。有时派先遣队列弧形阵列对敌，主力则列于弧形阵列之后。当敌人被引诱来攻时，主力从正面发起攻击，散布于敌人两侧的先遣队化散为聚，攻敌两侧和背后。“鸦兵撒星”战术，是蒙古骑兵的野战防御战术。即当与敌人接近时，分散骑兵为三五一群，十骑一队，互成犄角之势，以防被敌人骑兵包围。但分而不散，聚合自如，诸骑视马鞭子所指，或听叫喊之声，迅速聚兵一处，由防御转为进攻。

以轻骑兵为主体的蒙古军队不仅在局部战场上可以通过快速机动形成优势兵力，以众击寡，在不利时飘然而去，保存实力，因此获得“来如天坠，去如闪电”的赞誉，更可以通过大规模骑兵集团的快速机动达成大规模战略迂回和不停顿的战略追击的目的。大规模战略迂回要求军队应主要由行动迅速的轻骑兵组成，无后勤负担，将士有坚忍的毅力和吃苦耐劳的精神。这些条件蒙古军队基本具备。成

成吉思汗像

忽必烈像

吉思汗最早使用大规模迂回战略，是西征时迂回攻击花剌子模军政中心布哈拉和撒马尔干城。他后来在灭亡西夏时病危，临终前仍嘱咐蒙军将领假道于宋，兵下唐、邓二州，对金朝都城汴梁实施战略大迂回，结果收到了很好的效果。蒙哥汗在位时，派忽必烈率军10万，避开宋军的主要防线，越过川西草地，跨过岷江、大渡河，爬过岷山，攻克地势险要的大理。接着，又由云南、四川向江浙地带发动进攻。只是由于这次战略方向选择错误，蒙古军陷入四川军民布下的山地争夺战泥潭，才没有达到预期目的。不停顿的战略追击是蒙古骑兵穷追逃敌、除之必尽战略思想的体现。其中最典型的要数成吉思汗追击花剌子模沙摩柯末一役。1219年，蒙古大军攻破花剌子模40万军队分别据守的各地城堡，次年兵锋直指该国新都撒马尔干。这时花剌子模沙摩柯末已先期逃走，为了不让他纠集残部卷土重来，成吉思汗派大将速不台、哲别率精骑3万追击，迫使沙

《蒙古袭来绘词》中元军作战的画面，对元军的武器装备有较为准确的描绘。

唐代骑战图。从图中可以看出，骑兵一手持盾，一手执矟，这一时期，骑兵使用的盾呈圆形或椭圆形。

摩柯末逃到今天里海的一个小岛上，最后病死在那里。其后，成吉思汗率军翻越大雪山（今兴都库什山），穷追至申河（今印度河），甚至派兵到印度境内索捕继位的沙摩柯末之子札兰丁，这都是出于同样的战略考虑。

五、疾如锥矢的骑战

当骑兵成为军队的主力之后，作战的方式也随之改变。速度快，纵深线长，阵地广，地形复杂，加之军队人数增多，战争规模扩大，作战时间延长。可以说，在战国时期，我国古代的战争发生了一场巨大的变化。战国时期对于战争的描绘是“疾如锥矢，战如雷电，解如风雨”（《战国策·齐策一》）。后人对骑战的总结是：“驰骤便捷，利于邀击奔趋，而不宜于正守老顿”（《阵纪》卷4）。这种总结比较准确。对古代战争颇有研究的恩格斯在谈到骑兵的特点时说：“骑兵的全部力量集中表现在冲锋上”（《骑兵》，《马克思恩格斯全集》第14卷第318页），这也是很深刻而精辟的见解。

由于骑兵的速度快，战斗中就应当高度发挥其快的特点，或正面突击，或侧击包抄，或远袭敌后，或断其粮道。孙膑曾经指出：“用骑有十利：一曰迎敌始至；二曰乘敌虚背（通败）；三曰追散乱击；四曰迎敌击后，使敌奔走；五曰遮其粮食，绝其军道；六曰败其津关，发其桥梁；七曰掩其不备，卒击其未振旅；八曰攻其

李世民像

懈怠，出其不意；九曰烧其积聚，虚其市里；十曰掠其田野，系累（俘虏之意）其子弟。此十者，骑战利也。夫骑者，能离能合，能散能集，百里为期，千里而赴，出入无间，故曰离合之兵也。”（见《通典》卷149）这一段分析，将骑兵的特点与在战争中的作用都讲到了。后世各种兵书中所总结的“十胜”（见《六韬·犬韬·战骑》，今本只存“八胜”）、“十利”（见《武经总要》卷4）等等，大都由此而来。由于骑兵具有上述优势，故而有“古之善骑者，无阵不摧”之誉。

对敌军进行突袭，是骑兵最擅长的本领，特别是在敌军阵地不稳（如军队初至、天色已晚、前后脱节、军心不固、前锋已败、后方空虚等）之时，用数量不多的骑兵进行闪电般的冲击，往往可以取得大胜。如李世民在夺取天下的战争中，“选精锐千余骑为奇兵，皆皂衣黑甲，分为左右队，队建大旗，令骑将秦叔宝、程咬金、尉迟敬德、瞿长孙等分统之。每临寇，太宗躬被黑甲，先锋率之，候机而进，所向摧靡，常以少击众”（《武经总要后集》卷5）。如果敌方阵脚稳固，则可派武艺高强、勇往直前的猛将或突击队骑马高速“冲阵”（或称“突阵”），先将敌阵冲乱，然后再合力进攻。如东汉末年军阀混战时，勇将吕布与张燕军作战，“燕精兵万余，骑数千匹。布常御良马，号曰赤兔，能驰城飞堑，与其健将成廉、魏越等数十骑驰突燕阵，一日或至三四，皆斩首而出”（《后汉书·吕布传》）。更典型的是999年的宋辽战争中，“宋将范庭召列方阵而待。时皇弟隆庆为先锋，问诸将佐谁敢当者，柳（指辽军侍卫肖柳）曰：‘若得骏马，则愿为之先。’隆庆授以甲骑。柳揽辔，谓诸将曰：‘阵若动，诸君急攻。’遂驰而前，敌少却。隆庆席势攻之，南军遂乱”（《辽史·肖柳传》）。从这种“冲阵”的行动中，可以看出高速冲击的骑兵在古代战争中的重要作用。

由于骑兵的速度快，往往可以派遣骑兵穿过战线，长途奔袭，直捣敌巢，从

秦叔宝

程咬金

而取得决定性的胜利。著名的“李愬雪夜下蔡州”，就是用的这一战术。唐宪宗元和十一年（816年），李愬为了平定吴元济的叛乱，率领3000训练有素的骑兵，在雨雪交加的天气中长途疾驰，直捣蔡州，活捉吴元济，取得了我国古代有名的一次大捷。

利用骑兵机动灵活的特点，设法包抄敌军后路，断其粮道，扰乱其后方，使敌军不战自溃或一触即溃，也是发挥骑兵作用的长策。在古代一些著名的战役中，很多军事家都采用过这种战术，如秦赵长平（今山西高平西北）之战，秦将白起就曾派“一万五千骑”迂回敌后，“绝赵壁间”，断其粮道；楚汉相争中，刘邦、韩信曾派卢绾、刘贾等以“骑数百入楚地，佐彭越烧楚积聚”；西汉初，周亚夫平定吴楚“七国之乱”，也曾“使轻骑绝吴楚兵后粮道”；三国初期的官渡之战中，曹操为破袁绍，也曾亲自率骑兵“用袁氏旗帜，夜衔枚，缚马口，从间道出，人负束薪”，烧了袁绍辎重，从而取得大胜。

由上述叙述可知，要想在战争中发挥骑兵的长处，最好是“用骑以出奇，取其神速也”（《草庐经略》卷5）。用现代的战争术语，就是要在运动中消灭敌人，要打运动战，不能打阵地战。骑兵不可能如步兵那样步步抗争，涉艰据险。如果骑兵的轻便敏捷、快速冲击的长处发挥不出来，主将就应扬长避短。例如910年，晋王李存勖（即后来的后唐庄宗）与后梁作战。晋军主将周德威所率的是骑兵，可是后梁军队在柏乡隔河扎营，“闭垒不出”。周德威分析说：“吾所侍者骑兵，利于平原广野，可以驰突。今压贼垒门，骑无所展其足”，乃决定退兵，并以“精骑三千压梁垒门而诟之”，将后梁军队诱出。一直等到“梁兵走矣”，才“大噪争进”，“梁兵互相惊怖，遂大溃”，“河朔大震”（《资治通鉴·后梁太祖乾化元年》）。这一大胜仗的取得，关键就在于周德威设法避开了自己骑兵不利于攻坚的短处，而发

轻重甲骑兵混编阵形示意图。对付步兵时，北方民族往往采用轻重甲骑兵混编的方式作战。重甲骑兵用来对付弓箭的攻击，常常是重甲骑兵开道，轻甲骑兵或步兵配合协同作战。轻甲骑兵高速冲击军心不稳、立足不定的步兵，使其一溃千里。

挥了自己善于驰突的长处，在“走”中与敌方作战而取胜。

但是，骑兵在古代战争中也有自己的短处。《六韬·犬韬·战骑》在总结骑战“十胜”的同时，就总结过骑战“九败”。在《武经总要》卷4中，既总结了骑战的“十利”，也总结了骑战的“八害”。所谓“九败”、“八害”，中心有两点：一是指骑兵作战受地形的限制很大，如林木丛茂之地、沼泽难行之地、涧谷山阜之地、沟坑坎坷之地等，均是骑兵的“败地”、“死地”；二是指骑兵速度快，向前冲击时，易远离大本营或后续部队，避免受到敌人从背后的阻截，造成有进无退或入而难出的困境。在以上两个不利因素中，最重要的又是地形，就是说，骑兵必须要有高速冲杀的场所，失去了这一点，骑兵的优势就不能发挥。所以，《六韬·犬韬·均兵》在分析骑兵与其他兵种的关系时说，如果到了平易之地，“一骑当步卒八人”；如果到了险峻之地，“一骑当步卒四人”；如果骑兵不能驰逐，“则一骑不能当步卒一人”。所以，作为一个骑兵将领，必须认真考察地形，掌握时机，尽力避免上述困境。正如《六韬》在分析了“九败”之后所说的：“此九者，骑之死地也。明将之所以远避，暗将之所以陷敌也。”

第七章 古代的水军和战船

一、水军的起源

在我们辽阔广袤的祖国大地上，奔流着千百条江河，滋润着富饶的原野，养育着亿万勤劳、勇敢的人民。但是，纵横在地面上的江河也妨碍着人们的交通往

甲骨文中的“舟”和“船”字形，表明船的历史悠久。

来，人们常常幻想像河里的鱼、天空中的鸟一样，浮游于波涛之中，翱翔于江河之上。在上古时代的神话传说中，有不少关于先民浮水的故事，幻想出“莲叶舟”、“五石匏”这样济水的工具。

最先，我们的祖先从水面上漂浮的木头产生联想，制成早期的独木舟。“古人见窾木浮，而知为舟”。据晋王嘉《拾遗记》说：“轩辕变乘桴，以舟辑。”但也有的书上说，舟船是轩辕氏的臣子共鼓和货狄发明的。吕不韦说“虞姬作舟”，墨子则认为“工倕作舟”。诸家说法不尽一致。1979年，在浙江省余姚县河姆渡出土了

春秋时期吴国战船模型

一支木浆，经考古学家鉴定，其年代当在距今7000年左右。因此，舟船的发明至少可以远溯到传说的黄帝时代。到了商代，甲骨文中出现了舟字，从字形上看，已经有了船舷、船舱，不再是独木舟了。

我国上古时期，几个主要部落多活动于中原大地，而江淮地区和沿海一带部落的发展较为迟缓。早期的战争，多在平原地区进行，所以水战的历史较晚。船到底什么时候用于战争，缺乏明确的历史记载。根据现在掌握的有关资料，在公元前11世纪的武王伐商战争中，正式使用了战船。周武王姬发会诸侯于孟津，统率300辆战车，甲士4.5万人，虎贲之士3000人，浩浩荡荡地杀过黄河。尚父吕望先期赶到河边，制造了47条大型战船，以供渡河之用。渡河前，尚父左手杖黄钺，右手握白旄，宣读作战命令："苍兕！苍兕！统率好你属下的官兵，管理好你管辖的战船，落伍者处斩！"据马融注："苍兕，主舟楫官"，他可能是中国历史上第一个统率水军的指挥官。《六韬·军略篇》记载："济大水，则有天潢、飞江，逆波上流，则有浮海、绝江。"但这些都是浮渡江海的战船，还不是水上作战的战舰。

春秋时期，吴、楚、越三国争霸于长江流域。那里东南濒海，江淮横贯，湖泊棋布，水网纵横，行军作战都离不开舟楫。大约在公元前6世纪，出现了最早的水军。据《左传》记载：公元前595年，"楚子为舟以伐吴"。这次水军出征，由于"楚子不为军功，无功而归"。吴国为了抗击楚国的水上进攻，也建设了一支水军。公元前567年，吴公子光统率吴国舰队，与楚国水军大战于长岸。楚国水军

战国水陆攻战纹铜壶。这件铜器上的刻纹图像，提供了春秋晚期至战国初期战船的形象资料，从中可以看出，战国初期的水战已经使用了双层桨船。这种船无帆无舵，以桨推进，分上下两层，下层容纳桨手击棹，上层搭载兵士作战，已经是一种专门的战船。

占据上流有利地势发起攻势，“大败吴师，获其乘舟余皇”。余皇，又称馀艎，是吴军的旗舰，原为吴国先王之乘舟。吴军失去余皇后，一心想夺回来，公子光选派“长鬣者三人”，化装成楚人（楚人多须），从水下潜泳，暗藏在余皇舷外，吴师乘夜偷袭，击败了楚军，“取余皇以归”。这次战争揭开了中国水上战争史的第一页。

这一时期的水战，多半发生在江、湖之间，当时各国建立的水军可以称为江河舰队。大约在公元前485～公元前480年之间，中国出现了第一支海军舰队。公元前488年，吴王夫差想把吴国的势力扩展到黄河以北的齐鲁地区。夫差派人到鲁国，要求鲁国向吴奉献“百牢之礼”。鲁国一向自称为礼仪之邦，认为周王制礼“上物不过十二”，吴王一开口就是百牢，这种额外的求索实乃“先王未之有也”。可是如果不给吴国，又惧怕吴军势强，情急之下，“乃与之”。后来，鲁国出兵伐邾，夫差派兵伐鲁以救邾，从此两国战争不断。后来，齐国也卷入了战争。开始时，齐吴合师伐鲁，后来鲁国又联合吴国伐齐。公元前485年，鲁哀公会合吴、邾、

战国铜壶上水陆攻战刻纹。表现了双层战船上水军作战的场景。

广州汉墓出土的陶船

郑三国军队伐齐。吴王率主力直抵齐国南部边界，另遣徐承率领一支“舟师”，跨海北征，在山东半岛登陆，从侧后翼攻击齐国。不久，“齐人败之，乃还”。徐承指挥的舟师是中国第一支跨海远征的海军舰队。

战国时期的水战情况与战船的特点，我们可以从出土的战国铜器图像上得到形象的了解。战国时水战的特点：⑴战船修长，首尾翘起，无帆无舵，完全由划桨的“櫂手”操纵战船。⑵船分上下两层，下层是站立划桨的“櫂手”，上层是作战的战士。⑶使用的武器与当时车战中所用者基本相同，有戈、戟、矛、弓矢、盾、卫体短剑等；指挥系统仍是旗和金鼓。

春秋战国时期，水战还处在初期阶段，规模不大，只能起到陆战的配合作用，故而在先秦兵书中没有对水战作过专门的总结。《孙膑兵法·十阵》中曾有“水战之法”，但讲的是陆战中遇到江河时“众具徒而寡其车”之后的对付方法。在《吴子兵法·应变》中也谈到水战，仍讲的是“吾与敌相遇大水之泽，倾轮没辕，水薄车骑”之时的应付方法。相传伍子胥向吴王阖闾论述过战船的特点，伍子胥只能用车战来形容：“船名大翼、小翼、突冒、楼船、桥船，今船军之教，比陵军之法，乃可用之。大翼者，当陵军之车；小翼者，当陵军之轻车；突冒者，当陵军之冲车；楼船者，当陵军之行楼车也；桥船者，当陵军之轻足骠骑也。”（《太平御览》卷770引《越绝书》）由以上情况可知，水战在先秦时期已经出现，但并不发达。

水战的发展在秦汉时期。秦统一中国的过程，包括了统一江南地区与岭南地区，这都需要水军。汉代对交州刺史部的南海郡、合浦郡、九真郡、日南郡的军政管辖，更需要强大的水军。汉武帝时，为平定南粤吕嘉之乱，曾以路博德为伏波将军，杨仆为楼船将军，归义粤侯严（粤人，名严，降汉，转归义侯，故名）为戈船将军，“令粤人及江淮以南楼船十万师往讨之”（《汉书·南粤传》），在几次战争中，经常是“浮海救之”、“浮海而往”。

由于水战的需要，先秦时期建立了一支规模不小的水军，称之为“楼船之士”、“楼船士”或“辑濯士”、“棹卒”，并规定渔民子弟必须按规定到“楼船”中服役。据《汉官仪》载：“民年二十三为正，一岁为材官骑士，习射御骑驰战阵……水家为楼船，亦习战射行船。”（《后汉书·百官志》注引）这种“楼船之士”遂成为军队中三大兵种之一，即所谓“平底用车骑，山阻用材官，水泉用楼船”（《后汉书·光武帝纪》注引《汉官仪》）。随着战争的需要，水军的规模不断扩大，如汉武帝元鼎五年（公元前112年），“南粤反，因南方楼船士二十余万人击粤”（《汉书·食货志》）。楼船之士的指挥员，就是楼船将军。这些水军还有专门的服装，按五行学说，“土胜水，其色黄，故刺船之郎皆著黄帽，因号曰黄头郎也”（《汉书·邓通传》颜注）。所以，在《汉书·枚乘传》中“汉知吴之有吞天下之心也，遣羽林黄头循江而下，袭大王之都”的“羽林黄头”，就是指的中央军中“习水战者”，即水军。

汉代的水军装备着大小不一、形状各异的战船，可以南至今越南南方，北至朝鲜，如东汉时马援率水军南攻今越南地区时，就有“楼船大小二千余艘”（《后汉书·马援传》）。而且在汉末进行了一场双方各数万水军参战的著名的赤壁之战。在赤壁之战中，水军可以起到决定胜负的作用。汉代以后，水军就作为一支重要的方面军而活跃在战争舞台上了。

二、古代战船

水战的主要装备是战船。如魏源所说：“夫船者，官兵之城郭、营垒、车马也。船诚得力，以战则勇，以守则固，以追则速，以冲则坚。”（《清史稿·清安泰传》）在古代大规模的水战中，往往一次就要投入上千艘乃至数千艘战船。例如东汉时，马援伐交趾，“将楼船大小二千余艘”（《后汉书·马援传》）；南北朝梁朝

汉代战船模型

大将王琳起兵反对朝中掌权的陈霸先，“每行，战舰以千数”（北齐书·王琳传》）；也是梁朝时，侯景部下的将领侯子鉴，一次作战就用船“千艘”（《梁书·王僧辩传》）；梁朝的领军将军徐度与北齐作战，在合肥一次就“烧齐船三千艘”（《梁书·敬帝纪》）；北魏神䴥三年（430年），为准备与刘宋作战，一次就“诏冀、定、相三州造船三千艘”（《资治通鉴·宋文帝元嘉七年》）；隋统一南方的战斗中，杨素所率水军有各种船只，其中有“青龙百余艘”、“黄龙数千艘”（《隋书·杨素传》）；唐初，李靖率军伐肖铣，沿江东下，也是“克其水城，获其舟船数千艘”（《旧唐书·肖铣传》）。在有关水军船只的数字中，最多的要算太平天国水军。据《贼情汇纂》卷5《水营》所载，太平军在武汉就有船3000余只，“其由武汉下江南也，帆幔蔽江，衔尾数十里弦。到南京后，“几于浮江万艘”，故而“再犯武汉，贼船之多，亦不下万余艘，行则帆如垒雪，住则樯若丛芦”，故而清军万分感叹。“比年贼之蹂躏沿江，几无御之之法，皆船多为害也。”上面一些数字可能稍

敦煌第45窟唐代壁画上的帆船图。魏晋以来，战船普遍设帆，这在中古壁画中屡屡能够见到。由于风力无常，帆船也多同时装设有桨、橹、篙等人力工具，战船尤其如此。实际上，中古战船普遍属桨、帆兼用船，海战船侧重用帆，内河战船更重用桨。

有夸饰，但从这些数字中可以想见，古代战争所需战船的数量的确是相当惊人的。

宋代海船（复原模型）。入宋以后，海船建造技术有了飞跃发展，达到了更高的水平，从而为海战准备了充分的物质条件。

古代战争中的战船都是以帆与浆（又称楫）为动力的。除少数专用船只外，大多数战船与民用船在船体结构上并无大的差别，正如《通典》卷16所说：“水战之具，其船……其楫棹、篙橹、帆席、缰索、沉石、调度，与常船不殊力。”只要将民用船加上防护设施与武器装备，就可以作为军用。故《草庐经略》卷11说：“大集渔舟，授以坚甲利兵，教之枪刀弓弩，不逾岁而皆精兵矣。”三国时吕蒙靠白衣渡江奇袭关羽的一战，吕蒙将军士全伪装成商人，顺利接近敌人而未被发觉，就是战船与民用船在外形上无多大差别的例证。太平天国水军之所以能够浮江万艘，就是将征集的民船加以改装的。清朝时，由于官方制造的军用船只质量不如民间商船，所以一些水军将领往往临时征集民船作为军用。这在《圣武记》卷14中有多处记载，如：“嘉庆中剿海盗，皆先雇同安商船，继造米艇、霆船，未有即用水师之船者。”

清代海船（复原模型）。清代的外海战船虽然名称有所变化，但没有超出明代的造船水平，使用的仍然是平底和尖底两类木帆船，配备的武器仍然是冷兵器和火器兼而有之。

古代战船，因其形制、作用、装备、产地等等的差异，而有很多种名称，仅在《阵纪》卷2中就记载着各种战船50种。蒙冲、斗舰、游艇、天艨、绝海、飞江、楼船、走舸、海鹘、余皇、下濑、戈船、沙船、渔船、梭船、网船、鹰船、巨舰、横海、追云、潢龙、沧兕、四轮舸、两轭舟、八卦六花船、鸳鸯浆、子母舟、破敌舸、高把梢船、开浪船、蜈蚣船、八浆船、大头船、尖尾船、大福船、苍山船、艟娇船、两头船、草撇船、沧海船、广东船、水虎捷、水虎翼、叭喇虎、混江龙、犁云蚪、飞海龙、赤

《唐船之图》之宁波船。中国船在日本称为“唐船”，明末清初前往日本贸易的中国商船络绎不绝。由日本人绘制的《唐船之图》中有11种帆船，均是当时来自中国及东南亚港口的船只类型。这艘宁波船属福船类，船底尖，有龙骨。

天艘、铁海青、四跳三橹。这样多名目，反映了古代战船的多样化，但并不意味着各种战船之间就一定有多大的差别。我们可以将它们分为若干类，择其有代表性者进行分析。

在我们今天的概念中，船和舰是有一些区别的，一是以战船为舰，其余为船；二是以大者为舰，小者为船。在古代战争中，二者的区别没有今天明显。一般来说，所有的战船都可叫船，而舰则是指装备有防御设施的战船。《释名·释船》：“上下重版曰舰，四方施版以御矢石，其内如牢槛也。”用今天的话来讲，就是有装甲设备的船。所以有时船与舰有所区别，如《宋史·虞允文传》：“允文谓遇风则使战船，无风则使战舰。数少恐不足用，遂聚材冶铁，改修马船为战舰。”可是在更多的地方，二者是没有区别的，完全可以通用，如《圣武记》卷8：“赴闽造大舰三十，名曰霆船。”

江船和海船在古代也无多大区别，战舰长期是在江海中通行的。那些以“海鳅”为名的船，并不是都在大海中，而往往是在江河中作战的，这一点很容易引起误解。如《宋史·虞允文传》中的“海鳅”、“海船”，《韩世忠传》中的“海舟”，都是在长江中作战的。《水浒传》第84回中的造船技师叶春为高俅设计制造的大、小海鳅船，当然是只在梁山泊使用的。不过，到了明清时期，造船技术有所改进，专门制造海船，除形体的特点之外，还要多造一舵，即前后各有一舵。这是因为大海广阔无垠，可以较自由地掉换方向，来适应不同方向的风，而在江河中一般只能向一个方向航行。故“海舶之制，两头设舵，东风西驰，南风北驰，占验有定，无适不宜”（《圣武记》卷十四）。

下面，我们将主要战船分为几类介绍。

隋代杨素“五牙”战舰模型

1. 大型战船

在水战中，一般来讲，大船之威力远较小船为大，前期的大船可以设置巨型拍竿，后期的大船可以架设管状火炮，具有较强的攻坚能力。所以大型战船长期以来一直是战船队列中的核心。

我国曾是世界上造船技术最高的国家，也是世界上造出最大船只的国家。汉代的楼船，就已“高十余丈”(《汉书·食货志》)。船上有“十层赤楼”(《后汉书·公孙述传》)。晋代王濬进攻东吴时，“作大船连舫，方百二十步，受二千余人，以木为城，起楼橹，开四出门，其上皆得驰马来往”(《晋书·王濬传》)。南朝时，梁朝的陆纳造了3只大舰，命名为三王、青龙、白虎，“并高十五丈”(《南史·王僧辩传》)。当时大船之载重量已达“一万斛”(《颜氏家训·归心》)，约合今500吨。隋初统一江南，杨素在长江中的主力舰“名曰五牙，上起楼五层，高百余尺，左右前后置六拍竿，并高五十尺，容战士八百人”(《隋书·杨素传》)。宋代的海船“神舟”长三十几丈，阔七丈五尺(徐兢《宣和奉使高丽图经》)。岳飞与杨幺在洞庭湖作战时，双方战船“长三十六丈，广四丈一尺，高七丈二尺五寸”(陆游《老学庵笔记》卷一)，合今尺已有112.3公尺了。元末陈友谅水军有楼船“数百艘，饰以丹漆，每船三重，置走马棚，上下人语声不相闻，舻箱皆裹以铁”(《明史·陈友谅传》)。而朱元璋的战船也有“高与城等”的，如廖永忠攻江州(今九江)时，“州城临江，守备甚固。永忠度城高下，造桥于船尾，名曰天桥。以船乘风倒行，桥傅于城，遂克之”(《明史·廖永忠传》)。著名的郑和下西洋时所造的远洋巨轮，达到了我国古代造船史的最高峰，“造大舶，修(即长)四十四丈，广十八丈”(《明史·郑和传》)，“体势巍然，巨无匹敌，篷帆锚舵，非二三百人莫能举动”(巩珍《西洋番国志》)。而且，这种宝船不是一两艘，一共造了62艘。明代的44丈，合今天的140公尺。这样长的大船在500多年前是否可以制成，曾有不少人表示怀

《武经总要》中的楼船。宋朝的巨大战舰，通常是指挥官乘坐的战舰。舰上建楼三至五层，女墙外层皆用生牛皮包裹起来，以抵御火攻，甲板上可放置炮、车等大型武器。

疑。但是，1957年在南京下关中保村的原宝船厂旧址发掘出一根用铁力木制的长达11公尺多的舵杆，从上面的凿孔与槽分析，舵叶高度是6.35公尺。专家们认为，这种舵杆正适合当年宝船所用，从而证实了我国在古代制造巨型海船的可能性。

古代大型战船的代表是楼船，这种船从汉代一直使用到明清，其特点基本未变。所谓楼船，就是“作大船，上施楼”（《汉书·武帝纪》元封二年注引应劭说），是一种高达10余丈、船上分为数层在江海通行的大船。在每一层楼的外面都建有高约三尺的“女墙”，作为防御敌方弓箭矢石的掩体，女墙上有箭孔，可向外射箭。楼的四周均用坚硬的木材做成叫战格的保护层，或蒙上生牛皮。两边船舷伸出若干支桨，作为前进的主要动力，船顶还有帆。楼船是汉代的主力战船，故而水军又被称为“楼船士”；水军将领被称为“楼船将军”，如杨仆；专门监制战船之工场为楼船官，如庐江郡就置有楼船官。这种大型的楼船，在历代不断有所改进。到了唐代，就不再以弓箭为攻敌的主要武器，而有了抛射巨石的“抛车”。《神机

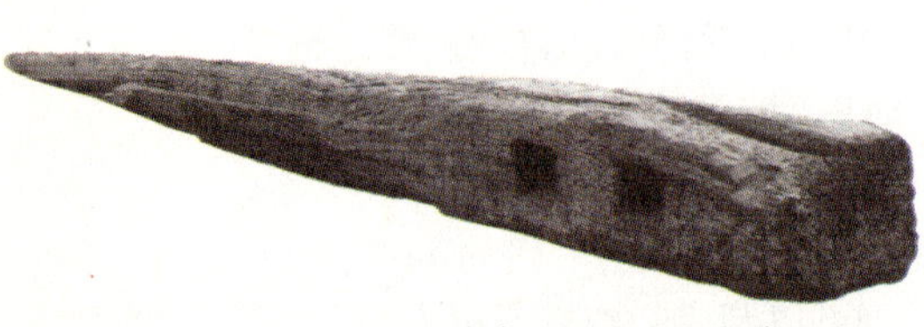

大舵杆，明代宝船厂遗址出土。

郑和一号宝船模型。这艘宝船是郑和下西洋船队的帅船。

《明军捷报初传》。《抗倭图卷》之一。反映了明水军与倭寇激战的情景。倭寇一方已有多人落水，败象已呈。从河中战舰可见明水军的装备。

制敌太白阴经》卷4载：“楼船，船上建楼三重，列女墙、战格，树旗帜，开弩窗、矛穴，置抛车、擂石、铁汁，状如城垒。”到了宋代，据《武经总要》卷11载，船上的“抛车”又变成了“炮车”。到了明代，楼船仍是“高与城等，”但装备的主要武器已经是管状火炮，在抗倭战争中已是“楼船高大，集万铳其上，倭船遇之，辄摧压焦烂”（《续藏书·俞大猷传》）。

明清时期，制造了两种海上的大型战船，因为生产地在福建和广东，故而名为福船和广船。两种船的结构大同小异。以福船为例，“福船高大如楼，可容百人，其底尖，其上阔，其首昂，而口张，其尾高耸。设楼三层于上，其傍皆护板，护以茅竹，坚立如垣。其帆桅二道。中为四层，最下层不可居，惟实土石，以防轻飘之患；第二层乃兵士寝息之所，地柜隐之，须从上蹑梯而下；第三层左右各设木桅（即木锚），系以综缆，下碇起碇，皆于此层用力；最上层为露台，须从第三层穴梯而上，两旁板翼如栏，人倚之以攻敌，矢石火炮皆俯瞰而发，敌舟小者，相遇则犁沉之，而敌又难于仰攻，彼海战之利器。”（《武备志》卷116）从这段记载来看，福船的主要特点有三：一是船底尖，船面阔，吃水深，利于破浪，宜于走海洋的深水；二是船头、船尾均上翘，便于冲波压浪，宜于在波涛之

被明军擒获的倭寇

明朝广船。自唐、宋以来，广州、惠州、潮州等地的造船业兴盛。船多以坚固的铁力木所造，故不易撞毁。

明朝福船。福船船身一般较大，有些甚至可容百人。底尖，故可破浪而行，船尾高耸，有帆桅两道。但由于吃水较深，适宜航行于大海，不利于浅水及无风处。这是明郑若曾《筹海图编》中的大福船。据记载，船身共分四层，士兵可站于最上层攻敌。

中航行；三是有意安排了底舱的压载，使船体稳重，减少了在风浪中的颠簸。这种福船在抗倭战争中曾起过不小的作用。戚继光说："福船高大如城，非人力可驱，全仗风势。倭船自来矮小，如我之小苍船。故福船乘风下压，如车碾螳螂，斗船力而不斗人力，是以每每取胜。"（《武备志》卷116）但是，大也有大的难处，在水战中是不能完全依靠大船的。大船体大，火力强，对敌军有很大的威慑作用。但是它全凭风力，无风就完全被动，有风时转动也不太灵活；若遇上风暴，就更不能操纵自如了。所以，早在唐代，李筌在《神机制敌太白阴经》卷4中论述了楼船的优点之后，紧接着就指出："忽遇暴风，人力不能制，不便于事，然为水军，不可不设以张形势。"在一场水战之中，必须大型、小型战船相互配合，发挥各自的长处，如《武经总要》卷11所说："楼船战舰形制之盛，不看轻疾之利焉。故张威畜器械，以楼船大舰为先趋；便利立功效，则走舸、海鹘为其用。"《草庐经略》卷11也说："大舟处势虽高，不利进退，须杂以小舟，兼而用之。"关于大船、小船各有利弊，小船在一定条件下较大船更为优越的典型战例，是元末群雄争战中朱元璋与陈友谅在鄱阳湖中心的决战。陈友谅"集巨舰，连锁为阵。太祖（即朱元璋）兵不能仰攻，连战三日，几殆"。在这种情况下显示了"高数丈"楼船的长处。可是，当朱元璋的军队在进攻时，特别是使用火攻时，小船的灵活机动的长处就十分突出了，故而《明史·陈友谅传》对这次大战总结说："是战也，太祖舟虽小，然轻驶；友谅军俱艨艟巨舰，不利进退，以是败。"

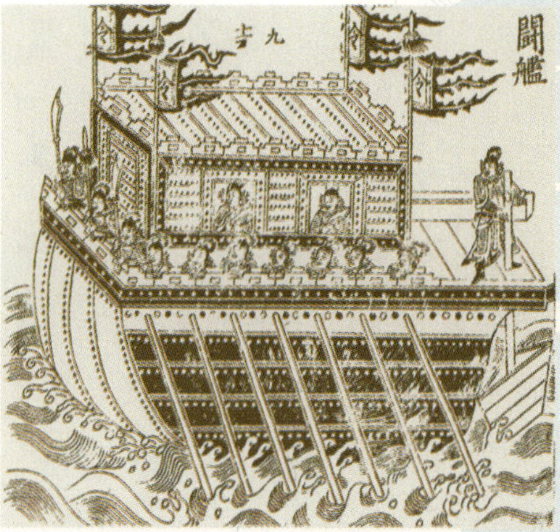

《武经总要》中的斗舰。船身两旁开有插桨用的孔，船周围建有女墙，女墙上皆有箭孔，用以攻击敌人。船尾高台上有士兵负责观察水面情形。

2. 小型战船

在水战中，使用最多、用处最广的是各种小型战船。小型战船的主要特点是轻便灵活，速度快，有风张帆，无风划桨，具有很强的适应性。故而在较大规模的水战中，往往有上千艘小型战船参战。如东汉初年，刘秀派岑彭溯江攻公孙述，一次就装备了“直进楼船、冒突露桡数千艘”（《后汉书·岑彭传》）。这里的直进楼船是较小的楼船，而冒突露桡则是几种小型战船的通称。三国时，连偏处荆州的刘表的水军，也有“蒙冲斗舰，乃以千数”（《三国志·吴书·周瑜传》）。

小型战船种类较多，根据《神机制敌太白阴经》卷4、《武经总要》卷11、《虎钤经》卷6等处的记载，主要有以下几种类型：

主要用于冲锋破敌的小型战船是斗舰，或称战舰。它的特点是船身不大，在船舷上建女墙，可蔽半身，保护战士。女墙下有若干“掣棹孔”，将桨伸出，而划桨水兵全部掩藏在船内。在船舷各方，还可以开设若干“弩窗”、“牙孔”，便于进

《武经总要》中的蒙冲

《武经总要》中的走舸

《武经总要》中的海鹘

攻各个方向的敌人。船上有两层，上层仍建女墙。两层的水军可自由占据必要的位置，用弓弩或火器向敌方进攻。如果在这种船的船身上再蒙上生牛皮之类的防护物，就称为“蒙冲”、“艨艟”或“艨冲”。所以说，蒙冲和斗舰是一类船，故而不少文献中又统称为“蒙冲斗舰”。由于这些船都是隐蔽桨手而只把船桨露出，故而又被称为“露桡”。这种船从汉代一直用到明朝。

较斗舰再小一点的称为走舸，这种战船船上无建筑，只在船舷上建造蔽身的女墙，不用露桡，而用明桡，速度很快，“往返如飞，乘人之不及，兼备非常之用”。在赤壁之战中，孙吴联军的火攻船队出发时的编制就是“乃取蒙冲斗舰数十艘，实以薪草，膏油灌其中，裹以帷幕，上建牙旗，先书报曹公，欺以欲降。又预备走舸，各系大船后，因引次俱前”(《三国志·吴书·周瑜传》)。很明显，蒙冲斗舰数十艘是主力，相对来说，蒙冲斗舰在这里是大船，走舸是小船，是紧随其后作为机动船只使用的。

《武经总要》中的游艇

类似走舸的小型战船中，较大的有海鳅，较小的有游艇等，形制都与走舸相近。比较有特点的小型战船另有两种。一种是专在大风浪中航行的海鹘，其特点是在左右舷均置浮板，形如双翅，增大船体所受的浮力，并有助于保持平衡，以适应在大风浪中顺利航行。其船虽“风浪涨天，无有倾侧”。另一种是速度较快的坞𦨣。

《武备志》上的车轮船

3. 轮船

轮船是现代十分普遍的水上交通工具，凡以机器动力推进的船就可称为轮船，可今天任何轮船上并无“轮”存在。原来，古代的船只中确有一种轮船，以两个或几个用人力转动的大轮在水中转动，利用水对船产生的反作用力推动船前进，这是古代最快速的一种船。近代的机器动力船只比帆船速度快，用螺旋桨转动推动，故也就沿用其名称。我国是世界上最早发明轮船的国家，而最早的轮船又是作为军用的。

最早的轮船发明于何时，现在还在研究之中。《南齐书·祖冲之传》：“又造千里船，于新亭江试之，日行百余里。”据刘仙洲先生的研究，我国古代伟大的科学家祖冲之造的这种千里船，很可能就是轮船，因为用间歇运动的桨是难以达到这种速度的。（见《中国机械工程发明史》第1编第42页）距祖冲之不久，陈朝的水军将领徐世谱曾经“别造楼船、拍舰、火舫、水车以益军势”（《陈书·徐世谱传》）。这里的“水车”，很明显是一种有“车”状装置的特殊的船，很可能就是被后世称为“车船”的轮船。关于轮船的确切记载则始于唐代。《旧唐书·李皋传》载：唐宗室李皋“常运心巧思为战舰，挟二轮蹈之，翔风鼓浪，疾若挂帆席，所造省易而久固”。《册府元龟》卷908亦载：“皋为洪州（今江西南昌）观察使，尝为战舰，挟以二轮，令蹈之，乘风鼓浪，其疾如挂帆席。”这种新式战舰在南宋得到了较多的运用。如绍兴二年（1132年）七月，王彦恢上言：“彦恢所制飞虎战舰，傍设四轮，每轮八楫，四人旋斡，日行千里。”（《建炎以来系年要录》卷56）

车船。南宋水军曾使用这种车船，在采石矶击败金主完颜亮。

又如次年二月，李纲上奏："余得唐嗣曹王皋遗制，创造战舰数十艘，上下三层，挟以车轮，鼓蹈而前……观者如堵。"（李纲《梁溪集》卷29）在《水浒传》第80回中所写的新式战船大、小"海鳅"，两边置水车24部或12部，其实并非是一般的海鳅，而是指轮船。

南宋的杨幺农民起义军曾利用轮船作战取得了很大成绩。杨幺起义军的根据地在洞庭湖，主力是水军。他们利用鼎州（今常德）、澧州（今澧县）山区出产的松、杉、楠、樟等木材，大造轮船，"置人于前后，踏车进退，每舟载兵千余人"，"又设拍竿，长十余丈，上置巨石，下作辘轳，遇官军船近，即倒拍杆击碎之，官军以辄败"（《建炎以来系年要录》卷59、66）。这种大船上安装车轮22～24个，第一批就造了29艘，"以轮激水，其行如飞"（《宋史·岳飞传》）。再加上数百艘轻快的海鳅战船，具有很强的战斗力。宋军在数战数败之后，由岳飞任主将前去镇压。岳飞在使用各种手段进行分化瓦解的同时，采纳了农民军叛徒杨钦的建议，开闸放水，降低湖水的深度（大轮船要在一丈以上的深水中才便于航行）；并投放大量的腐木烂草，缠着轮船下的翼轮，使轮船无法行驶，方击败了杨幺。为了对付农民军的车船，宋军也改造自己的战船为车船，而且规模更大。据载，"官军战船亦仿贼车船而增大，有长三十六丈，广四丈一尺，高七丈二尺五寸"（陆游《老学庵笔记》卷1）。这种长达112.3米的轮船，其规模已经超过今天在内河中航行的一般轮船了。

岳飞击败杨幺的战斗，显示了古代轮船的威力，也暴露了古代轮船的弱点，即轮不转则船不动。后人在此基础上加以改进，造出了既用轮又用帆的新式轮船。《圣武记》卷14载："轮船厚板五槽，中有八轮，其上三桅，舵楼后峋，顺风使帆，逆风转轮。帆索药浸，雨火不侵。周以生革，捍矢卫军，狼牙钉底，用防奸人，攻守皆用，风涛不偏。”这种战船的整体结构考虑得相当周到，又名为“八卦六花船”。《洴澼百金方》卷12说：“此船江海中攻守皆用，不惧风涛，攻则敌不能当，守则敌不能近，故水战首此。”应当说，这是现代机帆船的先声。

4. 双体船

在古代战船中，出于战事的特殊需要，出现过几种特殊的双体船，虽然运用不广，但也是古代水战中高超技术的反映。

一种是在大江中航行，为了船体的平稳而有意将两只船连接起来，成为左右并列相连的双体船，叫做“舫”或“鸳鸯船”。《说文》：“舫，并船也。”这样做的结果，船的灵活性会有所降低，但稳定性与载重量可以大大增加，而且不怕风浪，可作为大规模军事行动的大型运输船，适宜在顺水中航行。如秦始皇攻楚时，据说就曾“大船积粟，起于汶山（即岷山），浮江已下，至楚三千余里，舫船载卒，一舫载五十人与三月之食，下水而浮，一日行三百余里”(《史记·张仪列传》)。《史记索隐》注曰：“枋船。枋音方，谓并两船也。亦音舫。”又如西晋伐东吴时，王浚从四川出发，浮江而下，也是“作大船连舫，方百二十步，受二千余人。以木为城，起楼橹，开四出门，其上皆得驰马往来”（《晋书·王浚传》）。这是古代使用“舫”最著名的例子。很明显，我国古代的“舫”正是现代双体船的始祖。

为了火攻的需要，据《武备志》卷107记载，古代还制作了两种专用的双体船。一种是“子母船”，这种船“长三丈五尺，前二丈如舰船样，后一丈五尺只有两帮板，腹内空虚，后藏一小舟，通连之处，亦有盖板掩人”。作战时，将各种引火之物装在“母船”上，或顺水势，或张帆乘风，直冲敌船，待靠拢敌船时，将引火物点燃，军士全退到“子船”上，再与“母船”脱离。母船船头钉有尖锐的钢钉，冲至敌船，就与敌船钉在一起，引起敌船燃烧。而我方军士则用桨驾驶子船返回。另一种是“连环舟”，与子母船不同的是，不是在母船后包一子船，而是将船分为前后两段，“外视之若一舟，分则为二舟”，前短后长，其中用铁环连接。引火药俱置前部，直冲敌船。要靠拢时，将连环打开，使前半与敌船同归于尽，军士则驾驶后半返回。很明显，上面的子母船或连环船用于火攻，较之用人驾驶引火船去引火更为安全可靠，这是在多次大战中总结出来的经验教训。

5. 木筏

木筏，古代又称箄，在水战中是经常使用的。这是因为木筏制作方便，成本低廉，吃水浅，不怕风浪，不会翻沉。既可用于运输，加上防护设备后，又可用于作战。如东汉初年，公孙述就派数万人“乘枋箄下江关”（《后汉书·岑彭传》）。东汉建武年中，哀牢夷王也曾“遣兵乘箄船，南下江汉”（《后汉书·南蛮西南夷列传》），据李贤注，所谓“箄船”，就是“缚竹木为箄以当船”。前面我们已经谈到，西晋王濬为了冲开孙吴在大江中布下的用以破坏战船的大铁锥，用的就是“大筏数十”，因为木筏不怕刺击，无穿漏的危险。北宋初年，宋军攻南唐，曾在采石矶附近的大江上造浮桥，南唐后主李煜曾命令臣下“连巨筏载甲士数万人顺流而下。将断浮梁，未至，为刘遇所破”（《宋史·李煜传》）。能载甲士数万人的“巨筏”，是古代文献中所见到的最大的木筏。所以要造巨筏，也是为了便于冲撞。南宋岳飞在洞庭湖中镇压杨幺起义军时，曾经“伐君山木为巨筏，塞诸港汊……贼奔港中，为筏所拒。官军乘筏，张牛革以蔽矢石，举巨木撞其舟，尽坏”（《宋史·岳飞传》）。这既是因为造筏方便，又由于木筏吃水浅，杨幺的轮船吃水深，不如木筏适应性强。元初，在统一江南的战争中，由四川出川东下时，也曾“顺流率劲兵，乘巨筏，浮革舟于其间，弓弩两射，宋人不能敌”（《元史·按竺迩传》）。直到太平天国起义时，太平军的江宁水营，仍是“全恃木筏木城为营垒”（《贼情汇纂》卷5），当然也是取其制作的方便。由以上诸例可见，木筏在古代水战中可以

视为战船的一种，曾起过不小的作用，有时还能起到战船所起不到的作用。

明朝沙船模型。沙船是一种方头、方梢、平底的船型，源于长江口一带。与福船不同，沙船因底平、吃水浅，故适宜在浅海中航行。

三、战船的性能与装备

战国时期，船名有大翼、小翼、突冒等名称，已体现出人们对战船航速的关注。到汉朝，人们对船型与船舶性能的关系已有一定的认识，做出了狭而长的船速度快、短而宽的船稳定性好的科学描述。为提高航速，出现了效率更高的推进工具“橹”，俗称“一橹三桨”。

清朝沙船模型

在同一时期，船舶对风帆的利用也有较大的进展。到三国时期，已有3帆、4帆以至7帆的船只。一般用纵帆，能根据风向随时调整张帆的角度。至唐朝时，据文献记载，唐朝的海鹘船头低，尾高，前大后小，两舷置浮板形如鹘翼，稳定性好，不易倾侧，这是最早的关于船舶稳定性装置的记载；而降低船舶重心以增加船舶稳定性的记载则更早。

中国古代有不少船型都能适应不同的自然环境和恶劣的气象条件，如沙船就具有较好的适航性能，它在逆风逆流的情况下也能航行。自宋迄清许多综合性船型的出现，也表明人们对不断改进船舶适航性能所做的努力。

中国古代战船上武器装备的发展，是以中型和轻型武器为主的。在交战时，远则用弓、弩，接舷战用刀，枪，将士、兵卒各备有长短兵器。有的战船还装有拍竿，用以锤击敌船。战船多设有战棚或女墙（仿照城墙式样），或用牛皮蒙在木板上，或钉竹片，作为 防护装置。无女墙的战船，战斗时在左右舷悬挂罟网，以防敌人跳帮。船上还备有若干小镖，可在30步（约46.2米）内投掷击敌；较重的犁头镖，在刁斗上下投，可以击杀敌人和洞穿敌船体；撩钩用以钩搭敌船；钩镰用以钩船割缭

日本竹崎季长所画《蒙古袭来绘词》，描绘了元军的战船。

绳。在很早就已使用燃烧性火箭，主要是焚敌篷帆，使敌船不能行动。

宋朝以后，战船又备有火药桶，投中敌舟能使全舟尽焚。战船上也有使用二级火箭“火龙出水”等火器作战的。明朝有许多装备火铳的快艇，如“蜈蚣船”、“火龙船”等，后者两舷暗伏火器百余件，一船足抵常备战船10艘之用，可见战船装备火器后威力大增。清初，李长庚在福建造霆船30艘,配火炮400门，以备海战。一般大型战船配备火炮17~18门，中型战船配备火炮12~14门，小型战船配备火炮4~8门。内河战船也先后配备火炮，但较小。长江水师的长龙船设500公斤头炮2门，350公斤边炮4门。舢板船则设400公斤头炮1门，350公斤梢炮1门，25公斤边炮2门。

四、水战攻防

在江河湖海中作战，自然条件与陆战差异很大，若要克敌制胜，除了一般的指挥艺术、临战勇怯、装备优劣、兵力多寡以及陆上特别是江湖两岸的配合等因素之外，还有其若干特殊的制胜因素。正如《圣武记》卷14所概括的：“请言舟要（即水战的要领）：大胜小、坚胜脆、顺风胜逆风、顺流胜逆流、防浅、防风、防火、防凿、防铁锁。”

必须占据上游，这是在江河作战中十分重要的条件。好比陆战中的居高临下一般，占了上游就占了明显的优势，故而古代兵书中十分强调这一点，如“据上流以藉水力”（《草庐经略》卷11）。早在公元前525年楚国和吴国在江中作战时，楚国的司马子鱼就曾断言：“我得上流，何故不吉?”后来，果如其所料，楚国打了胜仗（见《左传·昭公十七年》）。在战争中，能否处于江河的上游往往是在战

韩世忠

前就决定了的。在春秋时期吴楚两国的多次交战中，水战楚常胜，陆战吴常胜，就是因为楚国占据了大江的上游。此外，如秦的统一战争、西晋的统一战争、隋的统一战争和太平军从武昌东取南京的战争，都是从长江的上流顺江东下而取得胜利的。刘禹锡在《西塞山怀古》一诗中“王浚楼船下益州，金陵王气黯然收”的名句，正是描写了这种“据上流以藉水力”的气势。但是，在古代战争中也有一些有才能的主将，从自己处于下游的既定事实中想办法转为上游，变被动为主动，从而取得了胜利。宋金战争中，韩世忠在长江布防遏制金兀朮入侵江南之后的归路。金兀朮在大江之中的水军既处于下游，驾船技术又远远不及宋军，情况极为被动，数战皆败。此时，金兀朮部下“有献谋者曰：‘凿大渠接江口，则在世忠上流。’兀朮一夕潜凿渠三十里”。用开凿三十里大渠的办法使自己从下游转为上游，看来是十分费力之举，可是，金兵就靠这一点优势取得了主动。“次日风止，我军帆弱不能运，金人以小舟纵火，矢下如雨……得绝江遁去。”（《宋史·韩世忠传》）金兀朮就这样逃回了江北。宋末，吕文焕与蒙古水军战于江中，“文焕居下流，乃泊舟两岸，而以中流之舟佯败而退。敌追之，两岸舟反在上流，出敌之背而夹击之，敌遂败。”（《草庐经略》卷11）这是在战斗中从下游劣势转为上游优势的又一成功的战例。

另一个客观条件是居于上风位置，使自己的进攻方向处于顺风的地位。在水战中，顺风者较逆风者有明显的优势：便于帆船加快速度压制、冲击敌船；便于使用火攻；便于向敌船抛撒石灰之类粉尘，破坏敌方军士视力；便于向敌方射箭等等。在历史上，借助风力破敌的战例甚多，诸葛亮借东风的故事几乎是家喻户晓。虽然这是《三国演义》中有所渲染的故事，但赤壁之战中处于下流的孙刘联军能在大江中战胜处于上流的曹军，的确得力于江中的东南风。据《资治通鉴·汉献帝建安十三年》载，大战开始时，“时东南风急，盖（指孙刘联军的大将黄盖）

诸葛亮像

以十舰最著前，中江举帆，余船以次俱进……去北军二里余，同时发火，火烈风猛，船往如箭，烧尽北船，延及岸上营落。顷之，烟炎张天，人马烧溺死者甚众。”很明显，“东南风急”、“火烈风猛，船往如箭”，在这一战中所起的作用是十分重要的。又如558年，南朝陈军侯瑱部与梁军王琳部战于大江之中。王琳据上流东下，侯瑱引军入芜湖避其锐气，“时西南风忽至，琳谓得天道，将直取扬州。侯瑱等徐出芜湖，蹑其后。比及兵交，西南风翻为瑱用。琳兵防火燧以掷船者，皆反烧其船。琳船舰溃乱，兵士投水死十二三，其余皆弃船上岸，为陈军所杀殆尽”（《北齐书·王琳传》）。这一仗，侯瑱兵力较弱，又居于下流，之所以能取胜，关键在于占据了西南风的上风。

水战中要想取胜，还有一点与陆上不同，就是要设法掩饰与隐蔽自己。这是因为在陆地上地势有高低，四野有林木，容易隐蔽自己的军队。而水上一望无际，视野开阔，若不在河湾之中，基本上所有船只、兵力都暴露无遗，所以，这就需要用人工进行掩饰。古代所用的方法主要有两种：一是在战船上多设生牛皮或铁甲之类的防护物以避对方的矢石，等于是筑一道防护墙。《水浒传》中的“傍牌”，就是这类防护物。有时还用毛毯裹船作为保护。如宋金战争中，金主完颜亮于绍兴三十一年（1161年）南下时，就曾“以毯裹船载粮而来”，对防御矢石颇有作用。另一种方法就是在船上多张旗帜，既可以隐蔽自己的兵力，使敌方不明虚实；又可以

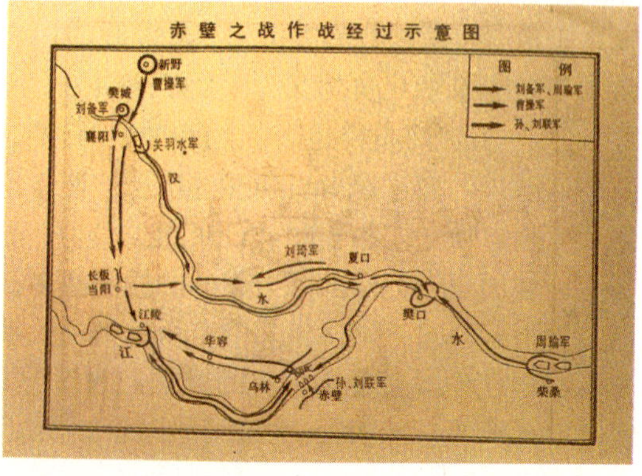

赤壁之战遗址。赤壁，古名石头关。位于蒲圻县西北36公里的长江南岸。相传东汉建安十三年（208年），孙权、刘备联军在此用火攻大破曹操战船，当时火光照得江岸崖壁一片彤红，“赤壁”由此得名。

给敌方一种气势逼人之感，使敌方望而生畏。到双方开战时，如林的旗帜又可以阻挡敌方射来的箭。古代兵书中所写的“水战之道”中，常有“张牛革以避矢石”、“多树旗帜以惑之”，就是从实战中总结出来的行之有效的防御措施。

在水战攻防之中，面对敌方庞大的船队进攻，作为防守的一方又如何对待呢?除了船队与船队的对攻之外，古人对付战船的办法主要有两种，一是火烧，一是拦截。

火烧战船，这是我们在古代战争中经常见到的战术。古代的战船都是木质的，而且必须以桐油等浸涂，以延长船在水中使用的时间，战船也因此成为最易着火之物。至于船上的篷、索、帆、板等，无一不是易燃物。所以，古时要破坏敌方的战船，一般都采用火攻的办法。水战中的火攻，除一般发射火箭等物之外，其重要方法是因其水势或风势，让若干小船装满引火物资，在接近敌船之时点燃，利用流速与风力冲入敌阵，引起敌方船队燃烧。例如赤壁之战就是运用了此法。

在水战中，火攻的威力是很大的，只要使对方船队起火，一般都可以取得胜利。例如，南宋末年，元军沿长江顺流东下，攻占了建康（今南京），南宋的主要将领张世杰和孙虎臣集中各路兵力，“以舟师万艘驻焦山（今镇江附近江中）东，每十船为

拜风台。拜风台又名武侯宫，坐落于赤壁南屏山，系诸葛亮祭东风遗址。拜风台始建于明洪武十三年（1380年），嘉鱼知县葛中宽重修，现存武侯宫为1936年重建。

朱元璋像

一舫，联以铁锁，以示必死”。元军统率阿术登高一望，只见“舳舻连接，旌旗蔽江”，认为“可烧而走也”。“遂选强健善射者千人，载以巨舰，分两翼夹射，阿术居中，合势进击，继以火矢烧其蓬樯，烟焰涨天”。结果宋军大败，万艘战船毁于一役，“自是宋人不能复军矣”（《元史·阿术传》）。

元末明初群雄争战之时，朱元璋亲自率军与陈友谅军在鄱阳湖决战，朱元璋先败后胜，而转败为胜之道就是火攻。史载：“友谅兵号六十万，联巨舟为阵，楼橹高十余丈，绵亘数十里，旌旗戈盾，望之如山。”初战，朱元璋“舟胶于沙，不得退，危甚”。再战，“友谅悉巨舰出战，诸将舟小，仰攻不利，有怖色。太祖（即朱元璋）亲麾之，不前，斩退缩者十余人，人皆殊死战”。到了黄昏，“大风起东北”，而朱元璋正在上风，于是“命敢死士操七舟，实火药芦苇中，纵火焚友谅舟，风烈火炽，烟焰涨天，湖水尽赤。友谅兵大乱，诸将鼓噪乘之，斩首二千余级，焚溺死者无算。友谅气夺”（《明史·太祖本纪》）。

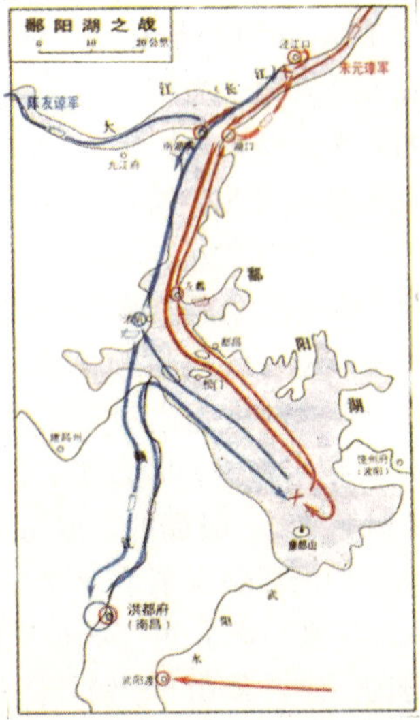

鄱阳湖之战示意图

在水战中，为了防止敌方小舟载火而来，处在下流或下风位置的水军主将若及早做好准备，可制止敌方的火攻。如安史之乱时著名的河阳（今河南孟县南）之战中，李光弼在黄河上用战船连成一道浮桥，从上置炮攻史思明。“思明怒，列战船数百艘，泛火船于前而随之，欲乘流烧浮桥。光弼先贮百尺长竿数百枚，以巨木承其根，毡裹铁叉置其首，以迎火船而叉之。船不得进，须臾自焚进。”（《资治通鉴·唐肃宗乾元二年》）这是古代水战中遏制火攻，并消灭以火进攻者的一次著名战例。此外，对付火攻的常用办法是尽力避免自己的战船被敌方各种引火物引燃，正如《圣武记》卷14所说：“水军之命制于帆，帆制于火。”所以，对于最易燃的帆、篷等要进行必要的防火处理，这就是《草庐经略》卷11所总结的，要“泥五纲以防火攻”。如南宋末年的最后时刻，元军张弘范率水军围攻宋王赵昺，张世杰与陆秀夫集聚最后的水军力量在海上誓死决战。元军“以舟载茅，沃以膏脂，乘风纵火焚之”。可是宋军“舰皆涂泥，缚长木以拒火舟，火不能爇”（《宋史·卫王纪》）。

除了火攻之外，在江河中对付战船的另一方法是在战船必经之水道中设置各种障碍，阻止战船的前进，如在水底设立木栅、尖庄，在水中设链拦江等。不过，这些措施是消极的、被动的，并不是每次都能奏效。例如：在西晋统一江南的280年，王浚统率水军由今四川顺江而下，“吴人于江险碛要害之处，并以铁锁横截之，又作铁锥长丈余，暗置江中，以逆距船”。面对这一新的情况，“浚乃作大筏数十，亦方百余步，缚草为人，被甲持杖，令善水者以筏先行，筏遇铁锥，锥辄著筏去。又作火炬，长十余丈，大数十围，灌以麻油，在船前，遇锁，然炬烧之，须臾，融液断绝，于是船无所碍”（《晋书·王浚传》）。这是我国历史上十分著名的一场火战，铁链与铁锥均未能阻止王浚的攻势。刘禹锡在《西塞山怀古》中的名句“千寻铁锁沉江底，一片降幡出石头”，正是写的这一次战役。

558年，在隋统一江南的战斗中，在三峡口又重演了一次铁锁横江的故事。当时，陈军守将吕仲肃为了拦阻隋军杨素沿江东下的水军，“正据江峡，于北岸凿岩，缀铁锁三条，横截上流，以退战船。（杨）素与（刘）仁恩登陆俱发，先攻其栅。（吕）仲素军夜溃，素徐去其锁”（《隋书·杨素传》）。这一仗，铁链虽有三条，仍未起到作用。不过这次不是烧断的，而是先据江岸，从岸上解去的。

除了火攻与拦截两种主要方法之外，如果有可能，也使用钻凿船底而使敌船沉没的办法。因为“与其破贼之卒，不如破贼之舟。盖以破卒尚斩获有限，破舟则兵亡无算也”(《洴澼百金方》卷13)。例如在宋金战争中的1161年，刘锜就曾在大江之中“使善没者凿其舟”(《宋史·刘锜传》)。为了防止这种情况发生，所以古代制造战船时，往往要在船底安置锐利的刃器，使潜行者无法靠拢。有一种“戈船”，就是特地为此制造的。《汉书·武帝纪》“戈船将军”注引张晏曰：“越人于水中负人船，又有蛟龙之害，故置戈于船下，因以为名也。”

五、郑和七下西洋

郑和，15世纪初叶著名的航海家。郑和本来姓“马”而不姓“郑”，“郑”姓是他入宫后明成祖朱棣所赐。郑和，小名三宝，人称“三宝太监”。郑和祖籍云南省昆明市晋宁县，回族。他受父辈的熏陶，小时就知道一些外洋的情况，《郑和家谱》称他“才负经纬，文通虔诚的孔孟”，具有丰富的地理知识，办事缜密，有谋略，懂兵法。

郑和故居

郑和故里——云南省昆阳州（今昆明市）晋宁县宝山乡

从永乐三年(1405年)至宣德八年(1433年)的28年间，郑和率众7次远航。第一次从永乐三年(1405年)六月到永乐五年(1407年)九月，自江苏太仓刘家港出发，经爪哇、苏门答腊、锡兰、印度西海岸的柯钦至古里(今科泽科德)。第二次从永乐五年(1407年)九月到永乐七年(1409年)夏，沿同样的路线至古里。第三次从永乐七年(1409年)九月到永乐九年(1411年)年六月，以东印度洋为中心，从爪哇、苏门答腊往锡兰，又北上印度东海岸，抵孟加拉湾，然后折回马六甲海峡，在马六甲修筑城塞后返国。第四次从永乐十一年(1413年)十月到永乐十三年(1415年)七月，又经东印度海岸折往波斯湾，到达霍尔木兹。也有人认为这次远航到达了东非沿海。第五次从永乐十五年(1417年)五月到永乐十七年(1419年)七月，与前次航线相同，抵波斯湾，又另分一支船队经由阿拉伯南岸远航到东非沿海的摩加迪沙、布腊瓦、马林迪等地。第六次从永乐十九年(1421年)年春到永乐二十年(1422年)八月，除驶入波斯湾外，另有分队绕东非沿海诸港口航行。第七次从宣德五年闰十二月(1431年元月)到宣德八年(1433年)八月七日，进行了经由印度西海岸入波斯湾的最后一次航行。这次，郑和的部下到达了阿拉伯的麦加。据《明史》记载，郑和第

江苏太仓刘家港，郑和下西洋的始发港。

二千料海船模型。郑和下西洋船队由多种船种混编而成。二千料海船是其中的重要船种。

一次下西洋时所率部众就有2.7万人，船舶长44丈、宽18丈的就有62艘，规模之大，前所未有。前后7次所经国家凡30余国。这样的空前壮举，较之葡萄牙的达·伽马由伊斯兰教徒导航横渡阿拉伯到达科泽科德早80多年，郑和的远航，也加深了中国和所到各国和地区贸易与文化的交流。

1. 郑和下西洋的船队

为胜任“宣德化以怀柔远人”的航海使命，抗衡大洋上的惊涛骇浪，郑和下西洋的船队是一支规模庞大的船队，在当时世界上堪称一支实力雄厚的海上机动编队。主要特点是：人数众多，建制完备；船舶种类齐全；装备先进。

⑴ 人数众多，建制完备

郑和下西洋的船队人数众多。史料上明确记载的有4次，第一次为27 800余人，第二次为27 000人，第四次为27 670人，第七次为27 550人。其余几次人数阙录不详，但估计也在27 000人左右，相当于明初五卫水军的实力，明朝军队每个卫5000～5500人。

郑和船队由舟师、两栖部队、仪仗队三个序列编成。舟师就是现在的舰艇部队，它们被组成编队；两栖部队用于登陆行动；仪仗队担任近卫和对外交往时的礼仪演示，庄严威武。

按照下西洋的任务，郑和船队人员主要有5个部分：有对航行、外交、贸易、作战等进行指挥决策的指挥部分，郑和的职务是钦差正使总兵太监；有负责航海、修船、预测天气等的航海部分；有负责外交礼仪、进行贸易、联络翻译的外交贸易部分；有财务管理、后勤供应、起草文书、医疗服务等后勤保障部分；有负责航行安全和军事行动的军事护航部分。从对郑和船队人员组成研究可以看出，其

八橹船模型。这是下西洋船队中常用的船种之一。

编制是完善的、严密的，体现了古代中国人丰富的航海经验。

⑵ 船舶种类齐全

郑和下西洋，每次都有大、小海船200余艘，是一支结构精良、种类齐全的特混舰队。据《崇明县志》与《太仓州志》称，郑和首下西洋时，有船208艘之众，在海洋上航行时，“维绡挂席，际天而行”，蔚为壮观。

有关专家根据文献、碑刻等记载，并结合郑和航海的需要进行研究，郑和下西洋的船最少有7种，包括：

宝船——帅船，取宝之船。

马船——快速的综合补给船，搭载中层官员、军需品、各国朝贡的动物，并能作战。

战船——护航用，吨位小，机动灵活，配有火器和战斗员，保障整个船队航行安全。

座船——用于船队防海盗袭击和执行两栖作战。

粮船——装载粮食和副食品。

水船——储存运载淡水。在当时只有中国独有此船，配置专用的水船，是一个了不起的成就，说明造船技术的先进。

⑶ 装备先进

郑和船队配备了当时最先进的武器装备，热兵器所占比例增多。

船队配有交通艇、音响信号、旗帜等通讯设备。史书记载，船队“昼行认旗帜，夜行认灯笼，务在前后相继，左右相挽，不致疏虞”。白天以约定方式悬挂和挥舞各色旗带，组成相应旗语。夜晚以灯笼反映航行时的情况，遇到能见度差的雾天下雨，配有铜锣、喇叭和螺号，用于通讯联系。

《郑和航海图》(放大摹绘图)

郑和船队完全按照海上航行和作战需要进行编组，在统一指挥下，形成了一支严密的船队,这是创造郑和成功远航的重要基础。

2. 郑和下西洋的航海技术

在人类步入航空和航天时代之前，航海是人类科技成就的集纳点，航海科技的水平反映出一个时代科技发展的水平。今天，海洋技术仍然是高技术领域。郑和下西洋的辉煌，就反映了我们民族在世界文明史上独领风骚的科技成就。以下三个方面最能体现郑和下西洋时的航海技术：

(1) 天文航海技术

中国很早就可以通过观测日月星辰测定方位和船舶航行的位置。郑和船队已经把航海天文定位与导航罗盘的应用结合起来，提高了测定船位和航向的精确度，人们称“牵星术”。用“牵星板”观测定位的方法，通过测定天的高度，来判断船舶位置、方向，确定航线。这项技术代表了那个时代天文导航的世界先进水平。

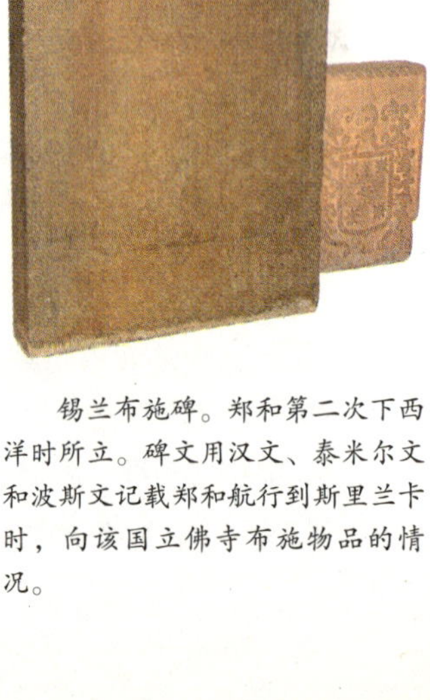
锡兰布施碑。郑和第二次下西洋时所立。碑文用汉文、泰米尔文和波斯文记载郑和航行到斯里兰卡时，向该国立佛寺布施物品的情况。

(2) 地文航海技术

郑和下西洋的地文航海技术，是以海洋科学知识和航海图为依据，运用了航海罗盘、计程仪、测深仪等航海仪器，按照海图、针路簿记载来保证船舶的航行路线。航行时确定航行的线路，叫作针路，罗盘的误差，不超过2.5度。

(3) 《郑和航海图》

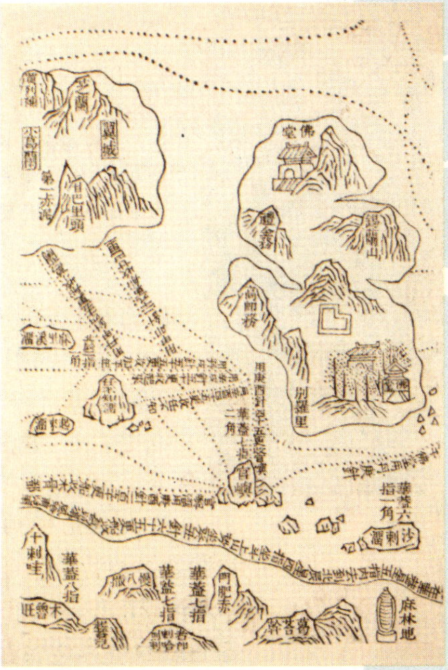

《郑和航海图》，选自《武备志》。

《郑和航海图》得以传世，多亏明代晚期茅元仪收录在《武备志》中。原图呈一字形长卷，收入《武备志》时改为书本式，自右而左，有图20页，共40幅，最后附《过洋牵星图》两幅。海图中记载了530多个地名，其中外域地名有300个，最远的东非海岸有16个。标出了城市、岛屿、航海标志、滩、礁、山脉和航路等。其中明确标明南沙群岛（万生石塘屿）、西沙群岛（石塘）、中沙群岛（石星石塘）等。

《郑和航海图》是世界上现存最早的航海图集。与同时期西方最有代表性的波特兰海图相比，《郑和航海图》制图的范围广，内容丰富，虽然精度较其低，但实用性胜过波特兰海图。英国李约瑟在《中国科技史》一书中指出：关于中国航海图的精确性问题，米尔斯（Mills）和布莱格登（Blagdon）曾作了仔细的研究，他们二人都很熟悉整个马来半岛的海岸线，而他们对中国航海图的精确性作出了很高的评价。

郑和下西洋折射出的中国先进航海科技光辉，表现了古人的伟大智慧，也创造了郑和下西洋的伟大航程。

3.郑和下西洋的航程

郑和下西洋具有历史性的突破，他的航线从西太平洋穿越印度洋，直达西亚和非洲东岸，到达非洲南端的好望角，也就是说抵达了大西洋，横跨三大洋，开了中国航海史的先例，在世界航海史上也居于领先地位。比达·伽马绕过好望角到达印度和麦哲伦完成环球航行要早83年和107年，在当时靠木船、仅凭借自然的风力航行，克服海上种种困难是非常了不起的。不仅要有航海技术、造船技术、

《天妃灵应之记》碑——郑和第七次下西洋在长乐太平港驻泊时所立，记叙下西洋缘由、前六次下西洋往返时间及所至国家概况等。

航海经验，而且也需要勇气和探险精神。

据《汉书·地理志》记载，在中国历史上，公元前2世纪，汉武帝时期就开辟了西航的海上丝绸之路，从两广地区，最远到达今天的斯里兰卡。唐宋时期，中国的远洋船舶抵达波斯湾，到达了红海和东非海岸。这在中国文献和阿拉伯文献中都有记载。元代著名的旅行家汪大渊在1330年和1339年两次乘商船到达桑给巴尔。《马可波罗游记》中记载忽必烈曾经派遣使者访问马达加斯加。这些为以后中国人的航海奠定了基础。元代以前中国西航的远洋航线，船舶基本上是进行沿岸航行，船的规模、人数、航行的次数和持续的时间都远不及郑和下西洋。

郑和下西洋，使中国的远洋航行出现了实质性的突破，开辟了一些新航线，形成了多点交叉的海上交通网络。

郑和率船队从南京出发，在江苏太仓刘家港集结，沿海南下，在福建长乐太平港停泊，等候太平洋西北季风，11～12月，季风来了，便穿过台湾海峡和南海，第一站到达占城，再到东南亚各国，进入印度洋。前三次主要在印度以东，最远到达古里。古里是古代东西方海上贸易的重要港口。第四次开始到达西亚、东非地区。有学者对航线进行了认真研究，认为郑和重要航线有56条，航线总长1.5万英里。

明成祖朱棣像

4. 郑和下西洋的使命与功绩

郑和下西洋是一种国家行为，郑和船队是一支强大的战略力量。明政府派遣郑和船队下西洋显然是从当时国家利益（包括皇帝的意志）和国家需要出发。郑和下西洋的使命和功绩概

《明军捷报初传》。《抗倭图卷》之一。反映了明水军出征，正走上江南的小桥，骑马报捷报的军士从桥的另一端赶来。

括起来，主要包括4个方面：

(1) 推行和平外交，稳定东南亚国际秩序

郑和下西洋前，中国周边的国际环境动荡，主要表现在东南亚地区各国相互猜疑，互相争夺。当时东南亚两个最大的国家爪哇、暹罗对外扩张，欺压周边国家，甚至在三佛齐还杀害明朝使臣，拦截向中国朝贡的使团；海盗猖獗，横行东南亚、南亚海上，海上交通线得不到安全保障。这些不稳定因素，一方面直接影响中国南部的安全，一方面极大影响了明朝的国际形象，不利于明朝的稳定和发展。在这种形势下，明朝皇帝采取了“内安华夏，外抚四夷，一视同仁，共享太平”的和平外交政策。派遣郑和率领船队下西洋，通过各种手段，调解和缓和各国之间的矛盾，维护海上交通安全，从而把中国的稳定与发展同周边联系起来，试图建立一个长期稳定的国际环境，提高明王朝的国际威望。

(2) 震慑倭寇，牵制蒙元势力，维护国家安全

当时，威胁明朝安全的主要来自两个方向：东部海上的倭寇，北方的蒙元残余势力和西北的帖木儿帝国。倭寇最早出现在元朝末年，日本国内发生内战，部分武士和浪人为了生存，便到中国沿海抢劫。到明初朱元璋时期，非常猖獗。当时明朝刚刚建立，国内还不稳定，所以集中精力安内，国防上采取被动的防御战略，在沿海省份设立卫所，在北方修长城和派兵屯边。朱棣时期，陆海两方面对明朝的安全构成了严重威胁，朱棣改变了被动防御战略，主动出击，陆上方向实施迁都、亲征漠北；海上方向组建了郑和舟师，震慑和打击倭寇和反明势力，并

榜葛剌国（今孟加拉国）向明朝进贡麒麟（长颈鹿）图。

从海上实施战略包抄，对西北方向进行战略上的牵制，从而减轻明朝北部的压力。

(3) 发展海外贸易，传播中华文明

郑和下西洋的使命主要是政治目的，同时也带有一定的经济目的，国家实施这么大的战略行动，是有多方面考虑的。在郑和船队下西洋过程中，主要展开了3种形式的贸易活动，即朝贡贸易、官方贸易和民间贸易。

朝贡贸易是郑和下西洋贸易活动的基本形式，带有封建宗主国的性质。通过这种形式来获得这些小国对明朝宗主地位的认可，这是朝贡贸易的政治目的。当时各国都积极到中国来朝贡，他们既可得到明朝的庇护，也能得到丰厚的赏赐。据统计，明成祖在位22年，与郑和下西洋有关的亚非国家使节来华共318次，平均每年15次，盛况空前。更有文莱、满剌加、苏禄、古麻剌朗国4个国家先后7位国王亲自率团前来，最多一次有18个国家朝贡使团同时来华，还有3位国王在访问期间在中国病逝，他们留下遗嘱，要托葬中华，明朝都按照王的待遇厚葬。

官方贸易是郑和下西洋的重要内容，它是在双方官员主持下与当地商人进行的交易，这是明朝扩大海外贸易的重要途径。郑和船队除了装载赏赐用的礼品外，还有中国的货物，如铜钱、丝绸、瓷器、铁器等。这种贸易可以用明代铜钱买卖，多数以货易货。最有影响的是击掌定价法。在印度古里国，中国船队到达后，由当地的代理人负责交易事宜，将货物带到交易场所，双方在官员主持下当面议价，一旦定下，决不反悔。双方互相击掌表示成交。这种友好的贸易方式，在当地传为美谈。

民间贸易一定程度上是在郑和下西洋贸易活动的带动下出现的。它不是通过官方，而是由商人或民间自发进行的。郑和下西洋打击了海盗，维护了海上安全，开辟了航线，促进和刺激了民间贸易。有学者研究认为，郑和使团不禁止下西洋官兵带一些中国货物在沿途进行交换。东南亚百姓对中国丝绸、瓷器、工具非常喜欢，郑和船队一到，他们都争先恐后地划船到码头交易，有的还请官兵到当地的集市设摊交易。当时中国主要输出的是瓷器、丝绸、茶叶、漆器、金属制品、铜钱等，换回的主要是珠宝、香料、药材、珍奇动物等。当时中国从海外进口100斤胡椒，当地价值1两，回到国内出售可值20两，利润丰厚。

泰国曼谷湄南河畔的三宝庙

郑和船队所到之处，不仅进行海外贸易，还传播先进的中国文化。当时东南亚、南亚、非洲一些国家和地区经济发展比较落后，非常向往中华文明。朱棣派遣郑和下西洋还肩负了“宣教化于海外诸番国，导以礼仪，变其夷习”的使命。郑和每到一地，便将中华礼仪和儒家思想、历法和度量衡制度、农业技术、制造技术、建筑雕刻技术、医术、航海造船技术等传播到当地。他出色地将中华文明远播海外，在中外文化交流史上写下了新的篇章。现在海外还流传许多郑和的故事。在泰国有三宝庙，在马来西亚有三宝山、三宝井，在印度尼西亚有三宝垄、三宝庙，许多地方都留下了郑和的遗迹，表达了当地人民对这位传播中华文明的先驱的敬意。

(4) 开拓海洋事业，铺平亚非航路

海洋是生命的摇篮，占地球表面的70.8%，拥有丰富的资源。自古以来，是人类生产和生活的空间，对人类社会产生了重要影响，也与我们中华民族的生存、发展和盛衰休戚相关。我们的祖先早期创造了龙山和百越海洋文化，15世纪初，郑和大规模的远航活动，对人类的海洋文明做出了重要贡献。

15～16世纪世界航海活动对照表

Navigational activities in the 15th—16th century world

名称	时间	国籍	舰队总数	总人数	旗舰尺寸	旗舰排水量	备注
郑和下西洋	1405～1433年	中国·明	共208艘，其中宝船63艘。	27 550至28 568	船身总长125.65米，总宽50.94米。	复原后计算14 800吨	到达非洲东岸
迪亚士航行	1487年	葡萄牙					发现非洲南端好望角
哥伦布发现美洲	1492年	西班牙	3	88（一说90）		250吨	同年10月到达华特林岛至今圣萨尔瓦多
达·伽马发现新航路	1497～1498年	葡萄牙	4	160	接近25米	120吨	1498年10月绕过好望角，到达印度
麦哲伦环球航行	1519～1522年	西班牙	5	265		130吨	绕过南美洲，1521年3月在菲律宾为土人所杀。次年9月，其下属回到西班牙。

郑和开辟了亚非的洲际航线，为西方人的大航海铺平了亚非航路。当葡萄牙的航海家达·迦马沿非洲西海岸绕过好望角，抵达东非海岸时，当地人就讲述了几十年前中国人曾几次来到这里。他们在阿拉伯领航员的帮助下，沿着郑和船队开辟的航线顺利到达了印度。郑和船队对西太平洋和印度洋进行了一些海洋考察，搜集和掌握了许多海洋科学数据。《郑和航海图》就是通过大量海洋调查绘制的。这种海洋考察活动比世界记载最早的1872年～1876年英国的“挑战者”号进行海洋调查早了400多年。郑和还对航海区域进行了战略布局，他根据其使命和掌握的海洋知识，在辽阔的海外选择了占城、满剌加、旧港、古里、忽鲁莫斯等地作为海洋发展的重点区域，有利于扩大海外交通和贸易范围。

郑和的功绩是伟大的，郑和属于中国，也属于世界。他从30多岁开始，前后28年献身海洋，他的这种无私奉献、报效国家的精神凝聚着中华民族开放进取、和平友好和敢为天下先的优秀品德，是一笔宝贵的精神财富，值得后人继承和弘扬，并有助于推进人类的文明进程。

第八章　火器神威

一、火药的发明

火药是中国古代炼丹家在炼丹过程中发明的。人类最早使用的火药是黑火药，它是我国劳动人民在1000多年前发明的。它的发明，闻名于世，被称为我国古代科技的四大发明之一，在化学史上占有重要的地位。

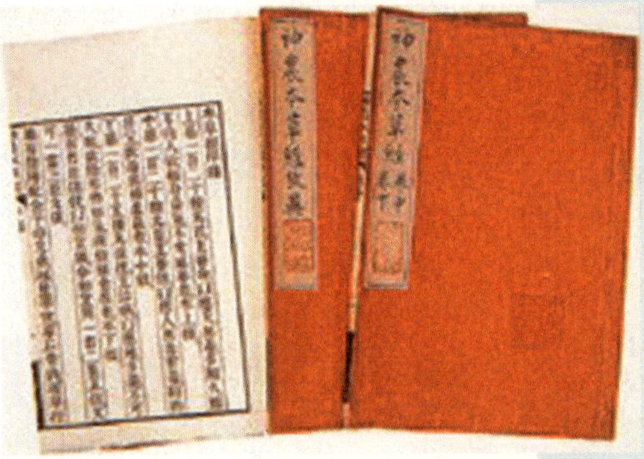

《神农本草经》书影。《神农本草经》简称《本经》，是我国现存最早的一部药学专著，它将硝石列为重要的药材，并用于炼丹中。

火药的主要成分是作为氧化剂的硝石。成书于秦汉之际的《神农本草经》已把硝石列为上品药，即在此之前已经具备了发明火药的物质基础。秦汉之际也是炼丹术开始盛行之时，方士们为了炼制仙丹妙药，把各类药物彼此配合烧炼。五金、八石（各种矿物药）、三黄（硫黄、雄黄、雌黄）、汞和硝石都是炼丹的常用药物。其中汞与三黄合炼而得的丹砂是炼丹家们的得意之作。但若用硝石与三黄共炼，必将燃烧爆炸，导致火药的发明。火药发明之后，也曾被引入药类，《本草纲目》中说火药能治疮癣、杀虫、祛湿气、除瘟疫。火药的发明来自制丹配药的实践中。

对于火药燃烧爆炸的原理，现在的人们不难理解，但在古代却是一个谜。现在人们制取火药很容易，民间流传的“一硝二磺三木炭”，就是火药的简易配方。

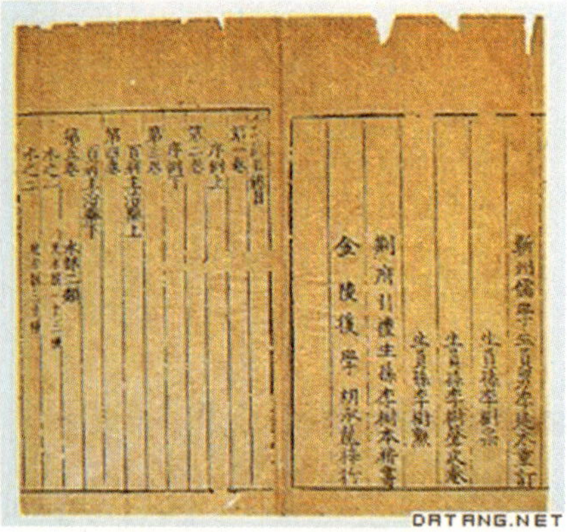

《本草纲目》书影。据《本草纲目》记载，火药有祛湿气、除瘟疫、治疮癣的作用，从火药两字中的“药”字即可见一斑。

这方法也不知历经了多少年代，劳动人民付出了多少血汗，才摸索总结出来。火药的发明是我国古代劳动人民辛勤劳动的成果，它又是随着生产的发展、社会的进步而逐渐完善的。

火药的发明与炼丹分不开。我国的炼丹家早就接触过火药的原料硝石、硫黄及木炭等物质。这些物质在混合过程中，稍不小心就会燃烧。古人对组成火药的三种主要成分的性质有个认识过程。

认识木炭、使用木炭较早。在商、周时期，人们已广泛用木炭来冶炼金属，木炭是较木柴更好的燃料，伐薪烧炭，遂成农民的一种副业。人们对硫黄的认识，较早的是冶炼中逸出的二氧化硫和温泉中的硫。除了了解它对某些皮肤病有特别的疗效外，还认识到硫的一些化学性质。特别是认识到硫与汞化合生成硫化汞，这种性质很受炼丹方士的重视，在他们试图用汞炼制“金液”、“还丹”的过程中，常使用硫。在这些活动中，进一步了解到硫含有毒，着火易飞，很难“擒制”。

古代炼丹的场景

对木炭、硫、硝三种物质

性能的认识，为火药的发明创造了条件。由于医药学和炼丹活动的发展，至迟在唐代，人们在硫黄伏火的实验中，发现点燃硝石、硫黄、木炭的混合物，会发生异常剧烈的燃烧。在《朱家神品丹法》卷5中，转载有唐初医药兼炼丹家孙思邈的“伏硫黄法”。由此记载可见，那时孙思邈已了解了硝、硫、木炭混合点火会发生剧烈反应的特点，因而注意采取措施，将容器埋入地下，并控制反应速度，防止爆炸。这显然是经过反复实践的经验总结。

炼丹师正在取药炼丹

有记载，西晋郑思远所撰名为《真元妙道要略》的一本炼丹书里提到：有人将硫黄、硝石、雄黄和蜜混合起来一起烧，结果火焰升起，把脸和手烧坏，而且直冲屋顶，把房子也烧了。同类的实验在唐代中期的《铅汞甲辰至宝集成》卷2中也有记载，并且载有关于失败的教训，从而使人们了解这种混合物的燃烧爆炸性能。

二、原始火器

火药发明以后，至迟到10世纪时，中国已经开始用火药来制造兵器。《武经总要》中记述了最早的火药兵器，有毒药烟球、霹雳火球、蒺藜火球、火药鞭箭和火炮等。该书还列出3种正式冠有“火药”名称的配方，即用于毒药烟球、蒺藜火球的火药和火炮火药法。这些都证明，在1044年以前，北宋军队已装备有多种原始的早期火药兵器。英国研究中国科技史的著名学者李约瑟博士指出，《武经

毒药烟球。这是一种能产生毒气的“手榴弹”，在火药的基本成分上，加入巴豆、砒霜等十多种成分的混合物，装填于球内，吸入毒气的人会鼻、口流血而死。

总要》中记载的3种火药配方，“是所有文明国家中最古老的配方”。十分清楚，中国是将火药用于军事最早的国家。同时，在北宋都城官营的制造军事装备的手工业中，设有“广备攻城作”，其下领有制造火药、猛火油等作坊。这些情况见于《麈史》所引《东京记》一书的记载，并且在《宋会要辑稿》中也有相似的记载。它们表明，在北宋时期，官营手工业中已能成批量地生产火药，并用于制造兵器。当时对生产技术实行高度保密，严禁外传。

火药用于军事行动，从此揭开了古代兵器发展史上的新篇章，火器和冷兵器并用的时代到来了。

火药用于制造兵器，根据《武经总要》的记述，当时主要用于传统的火攻战术，作为纵火的一种手段。据书中所记载的3种配方分析，虽然已具有硝、硫、木炭3种成分，但是这些配方中硝的含量低，又含有大量其他成分，通常只能速燃、发烟，还是一种低级火药，是近代火药的雏形。因此，所制造的火药鞭箭、以弓弩发射的火箭（将原有的油脂等燃烧物质改成火药筒），以及“铁嘴火鹞”、“竹火鹞”等以木身、纸皮、竹编中实以火药的器械，都属于纵火器材。有时也在火药中增添毒剂等，制成播毒或发烟的毒药烟球等兵器。当时已开始认识火药的爆炸性能，制成爆炸时可发巨响的霹雳火球。

到宋金战争中，火药兵器有了新的发展，主要表现在三个方面：一是随着火药性能的不断提高，利用火药爆炸性能的兵器开始大量使用。靖康元年（1126年），宋军守汴京时，使用过威力较大的爆炸性火器“霹雳炮”。后来更以铁制造外壳，造出威力更大的“震天雷”、“铁火炮”等爆炸力强的兵器。二是利用火药的燃烧性能，制造出单

蒺藜火球。蒺藜火球是燃烧性火器，由士兵掷向敌人，引发爆炸。

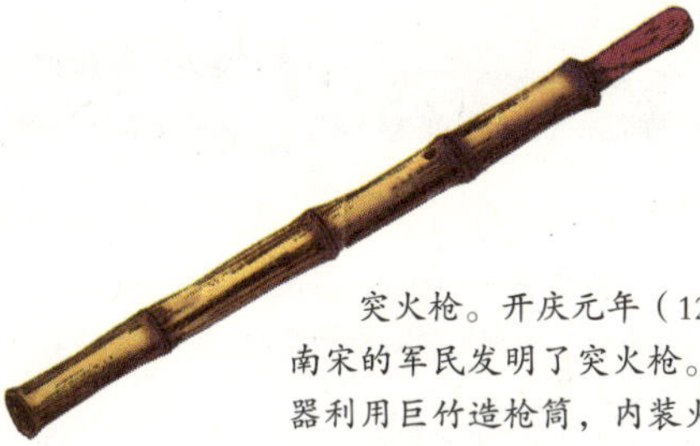

突火枪。开庆元年（1259年），南宋的军民发明了突火枪。这种武器利用巨竹造枪筒，内装火药和子弹，燃烧火药后，子弹便会高速推出，射程达230米。它是后世枪支的雏形。

兵手执的喷火兵器——火枪。这是在一般长枪上扎捆一个装火药的筒，一般是纸筒，作战时点燃筒内火药使其喷火以伤害敌方。当火药燃完后，长枪还可用于扎刺格斗。三是原始管形射击火器的萌芽，引起了以后兵器制造技术划时代的变革。

火炮。宋朝火炮是应用杠杆原理推动的抛石机，爆炸性火器发明之后，宋军便利用它把爆炸性火器掷向敌军。

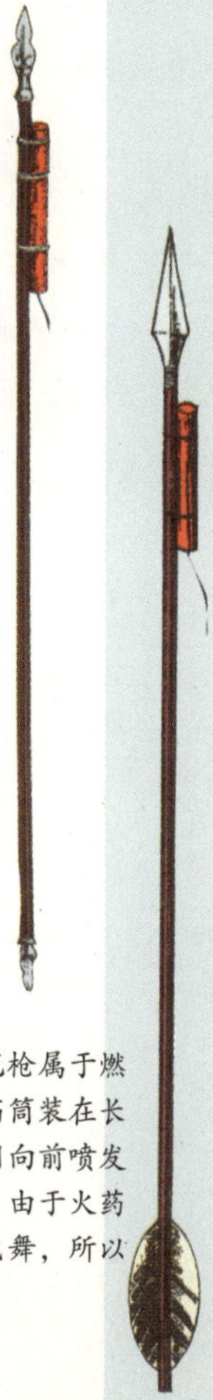

南宋火药弹。这是一种爆炸弹，内实火药，口装引信，点燃引信后，手投或用抛石机抛投。早期火药弹的发展，经历了从纸壳到陶壳再到铁壳的过程，火药性能、爆炸威力和杀伤力不断提高。

梨花枪。梨花枪属于燃烧性火器，将火药筒装在长竹竿的前端，利用向前喷发的火焰烧灼对方。由于火药喷发时有如梨花飞舞，所以称为“梨花枪”。

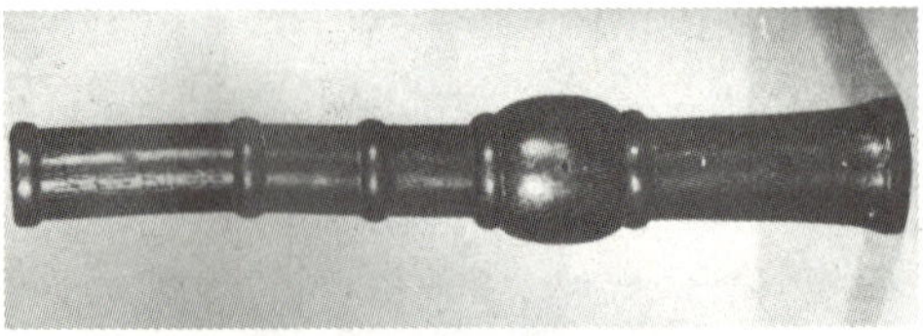

元至顺三年铜碗口铳。这是目前世界上纪年最早的火铳，这种铳口径较大，装在木架上发射，是金属管火炮的雏形。

元代铜手铳。手铳口径较小，铳身细长，药室呈球形隆起，尾銎中空，可安木柄，以便手持，是单兵使用的火铳。

元至正辛卯铳

元代铜碗口铳。碗口铳口径较大，形体短粗，铳口呈碗形，碗口中放置一枚大弹，发射时置于架上，是当时的重型火器。

三、元末明初的火铳

南宋后期，人们在大竹筒内装上火药来发射弹丸，并掌握了铜铁管铸造技术，从而使元朝具备了制造金属管形射击火器的技术基础。中国火药兵器便在此时实现了新的革新和发展，出现了具有现代枪械意义雏形的新式兵器——火铳。元代火铳分为两种，一种是手铳，另一种是碗口铳。火铳的出现，是兵器发展史上一项划时代的变革，从此火器逐步取代冷兵器，并向近代枪炮方向发展。

火铳最早出现于何时，尚无确切资料，但从传世的元代至顺三年（1332年）铜火铳铭来看，总应出现在元朝末年以前，至少在14世纪初已用于实战。据《元史·达礼麻识理传》记载，元至正二十四年（1364年），达礼麻识理为了对抗孛罗帖木儿的军队，在铁旛竿山下布列的队伍中，已是“火铳什伍相联”，可以说明其所装备的金属管形设计火器的数量已很可观。目前的考古发现中，也出土了一些

元天佑丙申铜手铳。这种铳口径较小，尾部安装木柄，单兵手持使用，是金属管火枪的雏形。铳身有“天佑丙申朱府铸造”的铭文。天佑是元末农民起义军领袖张士诚初称王时的年号，天佑丙申为1356年。

大致可以推断为元代晚期的铜火铳实物。其中较重要的一件出土于西安市东关景龙池巷南口外元代遗址，铜火铳由铳管、药室和尾銎三部分组成，全长26.5厘米。药室呈椭圆状，有安装药捻的小圆孔，药室内还遗有一些残留的黑火药。与此大致相同的铜铳，在黑龙江阿城县半拉城子和北京市都出土过。由于原始的管形射击火器是以竹筒制造的，故称为火筒。改用金属铸制后，也随之出现了一个“金”旁的新字“铳”。据明代邱濬在他著的《大学衍义补》一书中讲到“铳”字时说，在字书里过去没有这个字，只是“近世以火药实铜铁器中，亦谓之炮，又谓之铳”。说明这个新字的出现，正反映出大约在元朝晚期由竹制的火筒演变为金属制火铳的实际情况。

元末明初，金属管形射击火器有了很大的发展，火铳已为农民起义军广泛使用，朱元璋的军队中就装备有较多的火铳。朱元璋的大将徐达围攻张士诚于平江（今苏州），曾“置巨炮，所击辄糜碎，城中大震”（《明史·徐达传》）。张士诚之弟张士信就是坐在城上之时，“中炮死”（《明史·张士诚传》）的。这种“巨炮”就是较大的铜制火铳，因其威力大，故而被称为“铜将军”。《明史纪事本末》中也曾记有朱元璋部将胡德济、谢再兴在元至正二十二年（1362年）用火铳守诸全（今浙江诸暨县）的史实。明代末年，郑成功军中的铜炮可称为巨炮，最大的铜炮重1万斤，炮身长1丈，发射的“大弹”每颗重12千克，可远射四五里（《郑成功研究论文选》第325页）。明朝建立初年，特别是洪武年间曾大量制造铜火铳，使火铳制造工艺有了很大的发展，形制日趋规范化，与元朝晚期的制品相比，身管加长，口径略微缩小，制作更为精细。一般都是前有细长的直体铳管，管后接椭圆形的药室，药室后接铳尾，向后开安装木柄的銎孔，器形颇为规范，尺寸也大致相同。明朝火铳多在铳体铭刻制作地点、年月、重量及编号，还有制造部门及监制官员和制作工匠的姓名。这一时期的铜铳，在北京、河北、内蒙古、山西、江苏等省、市都有较多实物出土。洪武以后，铜铳继续改进，形制日趋统一，明代"天"字铜手铳。到永乐年间，手铳已发展到工艺精细、形制统一的阶段，铳身构造也有所改进，自药室至铳口，壁厚逐渐递减，说明当时对膛内压力从药室至铳口递减分布的状况已有一定的认识。

明代"天"字铜手铳。明代的手铳由中央统一制造，统一编号。

明代"胜"字铜手铳。手铳铳身多刻有制造地、制造部门、工匠姓名、监造官职、重量和制造年月等，说明对火器制造的管理更加严格。

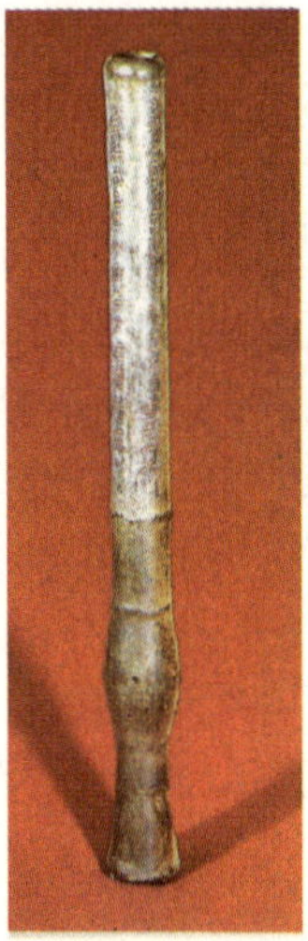

明代"奇"字铜手铳。手铳是明代前期主要的单兵用火器。从洪武年间开始大量制造，它们较元代手铳口径减少，身管加长，制造较精细，表明手铳的射程有了提高。

并有统一编号，如以"天"字为头的统一编号的铜铳，口径为15毫米左右，全长36厘米左右。已发表的资料中，"天"字号铳，最小序号为"天字九十五号"，制于建文二年（1400年），最大序号为"天字九万八千六百十二号"，制于正统元年（1436年）。此外，还有"英"字、"奇"字、"胜"字等编号的铜铳。

明代大碗口铜铳

从已发现的元末明初的火铳看，大致有两类：一类是以洪武年间制造的火铳为代表，形体较小，尾銎装木柄，供单兵手持施放，应为后来枪械的前身。以内蒙古托克托县黑城古城址南墙内发现的洪武年造铜火铳为例，它们分别造于洪武十年（1377年）和洪武十二年（1379年），全长43.5厘米～44.5厘米，口内径2厘米，重1.9千克～2.1千克。其口径与体高之比约为1∶20。另一类如元至顺三年（1322年）铜铳，长35.3厘米、口径10.5厘米、重6.94千克，它的口径与体高之比约为1∶33。其尾銎的直径7.7厘米，所装柄的粗也应如此，这样粗的木柄难以单兵手持，何况点燃施放时铜铳还要震动，所以只有用安放木架的办法才能施放。同时，铜铳尾部两侧各有一个约2厘米长的方孔，且方孔的中心位置，正好和铳身轴线在同一平面上，据此可以推知，原来应是以金属的横栓从二孔中穿连，然后固定在木架上，这个金属栓还可以起耳轴的作用，使铜铳在木架上可以调节高低俯仰，以调整放射角度。类似的大型铜铳，有的铳管稍细但口部制成外侈的碗口形状，故又称为大碗口铳。中国军事博物馆中藏有一件明洪武五年（1372年）造的大碗口铳，全长36.5厘米，口径11厘米，重15.75千克，器身自铭为“大碗口铳”，与元代的碗口铳相比，碗口不再是向外斜侈而是呈弧曲状，铳管加粗，药室明显加大。在拆除太原旧城时，还发现过洪武纪年的铁铳，长度已达1米，口径达21厘米。因此，这类大型金属火铳，需设置铳架，应该是后世火炮的最初形态。

四、西方火器的引进和仿制

中国是火药的故乡，也是最早生产火药兵器的国家，元末明初，中国的金属管形射击火器居于世界前列。但是这一优势并没能够长久保持。进入明代中叶直到清代末年，是火器与冷兵器并用时代的后期。长期陷于发展迟缓状态的中国封建经济，以及统治阶级的禁海锁国政策，使元末明初金属管形射击兵器发展的势头停滞下来。火药兵器没有能在它的故乡——中国引起革命性的变革，而当它传

佛郎机复原图。佛郎机是一种后装火炮，前有准星，后有照门作瞄准之用，并备有子铳5个，可供轮流发射，大大提高了火炮的命中率和射速。佛郎机有几种尺寸，大型佛郎机主要用于攻城战；中型佛郎机多置于车上，便于灵活操作；小型佛郎机主要个人随身携带用。

小型佛郎机

到欧洲时，资本主义的兴起却使它对社会的进程发挥了巨大的作用，正如恩格斯所指出的，它最终导致“市民的枪弹射穿了骑士的盔甲，贵族的统治跟身披铠甲的贵族骑兵队同归于尽了”。资本主义制度的胜利，更促进了枪炮的改进和生产。于是到了明代中叶，火器的故乡——中国不得不从舶来品中汲取养分，仿制了比火铳先进的“佛郎机”和“红夷炮”，还有单兵使用的鸟铳等，并且制造了威力较大的“大将军”等大口径火炮，开始改变军队兵器装备的面貌。

佛郎机铳约在明正德末年（1521年左右）从葡萄牙传入中国，它由母铳和子铳构成。母铳身管细长，口径较小，铳身铸有准星、照门，可瞄准射击。铳身后的腹部颇粗，开有长形孔槽，以装填子铳。子铳类似小火铳，上有提把，前无铳管，填入母铳后腹的孔槽后，其前口外接子铳的铳管。每一母铳备有5～9个子铳，可预先装好弹药，战时轮流装填入母铳发射，因而提高了射速。嘉靖初，中国开始成批仿制佛郎机铳，生产出大小型号不同的产品。北京首都博物馆所藏嘉靖二十八年（1549年）造铜佛郎机铳，编号“胜字四十二号”，母铳口径38毫米，全长91厘米，子铳口径35毫米，全长23厘米。佛郎机铳以子铳预先装弹填装，有操作方便、射速快的优点，但是由于子铳装药量小，母铳口径不大，因之又有威力不大的缺点。

红夷炮，又称西洋炮，是一种由荷兰传入的大型火炮，约在万历后期传入中国。据《明史·兵志》记载，红夷炮“长二丈余，重者至三千斤，能洞裂石城，震

清代鸟枪。清代将鸟铳改称鸟枪，自清初至19世纪中叶，清军装备的轻火器主要就是鸟枪。清初的鸟枪仍为前装、滑膛、火绳枪机，燧发枪虽也有制造，但始终未能取代火绳枪。道光年间，西方后装击针式步枪传入中国，鸟枪遂被淘汰。

明代红夷型铁炮。红夷型铁炮于万历末年从荷兰传入，具有口径大、管壁厚、身管长、炮身前细后粗等特点，是当时威力最大的火炮。红夷炮的口径与炮身的比例很大，火药燃烧时产生的力量，使弹丸发射得更远、杀伤力更大。弹丸是从炮口装填的前填式，可装在炮架或炮车上射击。明末至清初的战争中使用非常普遍。中国在1621年开始仿制。

数十里”。炮身铸有准星、照门，中部有炮耳。与佛郎机相比，这种炮的口径较大，管壁加厚，并且从炮口至炮尾逐渐增厚，能承受较大膛压，是当时威力最大的火炮。

鸟铳是由欧洲传入的火绳枪或燧发枪的统称，大约在嘉靖年间经日本传入中国。它与原来单兵手持的火铳相比，身管较长，口径较小，发射同口径的圆铅弹，因而射程较远。又增设有准星和照门，变手点发火为枪机发火，枪柄由插在火铳尾銎的直柄改为托住铳管的曲形木托，因此可稳定持枪进行瞄准，提高了射击的精确度。其外形与结构已接近于近代的步枪，正是近代步枪的雏形。至于为何称为“鸟铳”，有不同的说法。戚继光在《练兵实纪》中认为：“即飞鸟之在林，皆可射落，因是得名。”另有说法是因其枪机形似鸟嘴，因而名鸟嘴铳。

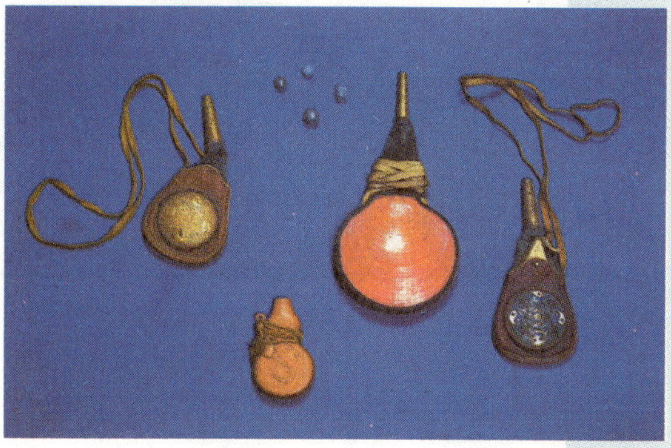

清代鸟枪火药袋和铅弹

佛郎机铳、红夷炮和鸟铳的仿制成功，使中国火器有了较优良的作战性能，改进了明军的装备。特别是明末与后金军在东北地区的战斗中，红夷炮曾起过很大作用。

清代铁炮。此炮现陈放于广东虎门沙角炮台，在鸦片战争中曾痛击英国侵略军，被称为“功劳炮”。

清代红衣将军炮。1840年鸦片战争爆发后，此炮曾设在秦皇岛至山海关一带的石河口炮台。

清代神威将军铜炮。清代火炮基本沿袭明代火炮，从性能和构造上看没有什么大的发展，均系滑膛火炮，发射铅弹和铁弹，火绳点火。火炮形制有三大类：一为红衣炮型，为重型火炮，类似近代加农炮，数量最多；二为子母炮型，即仿明代的佛郎机炮，利用子炮从后膛装填，是轻型火炮；三为大口径短管炮，是中型火炮。

清代武成永固大将军铜炮。该炮为康熙二十八年（1689年）根据比利时传教士南怀仁的设计制造。它代表了明末以来仿制西方火器的最高水平，它的铸成，又标志着明末清初仿制西方火器浪潮的终结，因为此后由于海内砥定，清朝便逐渐停止了对西方火器的引进。

清朝建立以后，军队中也装备了从明军装备中引进的火炮和鸟铳。清初颇注重火炮的生产，以适应统一全国及平定三藩叛乱等战争的需要。当时大量制造的火炮主要有三种类型。一种是沿袭明代的红夷炮制造的，称“红衣炮”。这种炮曾在中俄雅克萨之战中发挥过作用，至今黑龙江省博物馆还藏有一门，为康熙十五

满洲骁骑营及火器营

年（1676年）铸造，称为“神威无敌大将军”，铜铸，炮身前细后粗，口径110毫米，全长248厘米，重1000千克，装药2千克，铁弹重2.7千克。一种是子母炮型，类似明代的佛郎机铳。还有一种是大口径的短管炮，称为“冲天炮”、“威远将军炮”等。现存故宫博物院的一门康熙二十九年（1690年）铸的铜威远将军炮，口径212毫米，全长69厘米，重280千克，以回轮车运载，能发射15千克重的爆炸铁弹。据《清文献通考》记载，从康熙十三年至六十年（1674～1721年），清中央政府所造的大小铜、铁炮约900门，但火炮的基本构造和性能改进不大。不过清代中期以后，火炮发展的势头又一次被扼制下去。落后就要挨打，闭关自守而且妄自尊大的大清帝国，终于在帝国主义列强的巨舰大炮面前惨遭败北，于是中国一步一步地沦为半封建半殖民地社会。至此，中国古代兵器史的后一阶段——火器与冷兵器并用阶段宣告结束。火药这个被恩格斯喻为“注定使整个作战方法改变的新因素”，没有能在它的故乡引起兵器生产的革命，更没有促成社会的革命性变革。这个历史教训，是不应该忘记的。

郑成功塑像

五、郑成功复台之战

台湾自古以来就是中国的神圣领土。明朝末年，由于政治腐败，武备废弛，台湾、澎湖的防卫力量逐渐削弱，给外敌窥伺造成可乘之机。17世纪初，荷兰政府在其亚洲的殖民基地巴达维亚（今印尼雅加达）建立东印度公司，专门从事对东方各国的经济掠夺和武力侵略。从万历二十九年（1601年）开始，荷兰殖民者以贸易、通商为名，对我国沿海各地进行袭扰。天启四年（1624年）在台南附近的台江登陆，侵占了台湾地区。崇祯十五年（1642年），荷军在台湾北部击败西班牙殖民军，霸占了整个台湾。荷兰侵略军侵占台湾后，实行残酷的殖民统治，强征重税，进行搜刮。殖民者的残暴行径，激起了台湾人民的愤怒和反抗，汉族和高山族人民的反抗和斗争遍及全岛各地，并始终没有停止过。

郑成功是明末将领郑芝龙之子，明亡后，退守金门、厦门一带，在东南沿海坚持抗清斗争。为了驱逐荷兰殖民者，建立稳固的抗清基地，郑成功决意收复台湾。永历十三年（1659年）十二月，郑成功召集诸将，研究收复台湾和留兵防守金门、厦门事宜。正在此时，一个名叫何廷斌（一称何斌）的人，从台湾来到厦门求见郑成功，控诉了荷兰殖民者的种种暴行，希望郑成功把台湾同胞从荷兰殖民者的压迫下解救出来。他把荷兰殖民者的情况透露给郑成功，并把台湾水道及要塞设防情况绘成地图，表示愿为向导。永历十五年（1661年）正月，李定国联明抗清战败，大陆各省基本被清军占领。郑成功感到形势紧迫，只有收复台湾，连接金门、厦门，然后进则可战而复中原，退则可守而无内顾之忧。于是做出了进军收复台湾的决策。为了顺利收复台湾，郑成功进行了充分且周密的准备：秘密搜集情报，勘测航路，了解荷军兵力配备、设防等情况。筹备粮饷，扩充军队，使陆师达到72镇，每镇1000人，水师20镇，总兵力10余万人。

永历十五年（1661年）二月，郑成功在基本完成战前准备工作后，遂从厦门

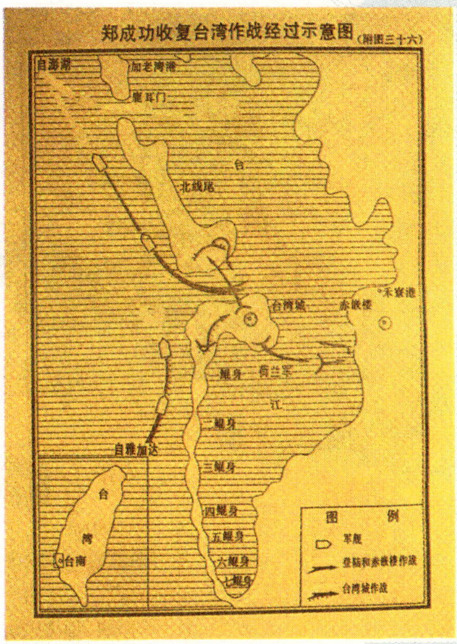

移师金门，命其子郑经及部分将领留守厦门、金门，以防清军乘虚袭取；自率大军进军台湾。进攻台湾的舰队分为两个梯队：郑成功亲率第一梯队先期出发，共有战舰数百艘，部队两万人；第二梯队由黄安等统率，共有战舰20余艘，部队6000人。台湾本岛地形东高西低，人口会聚西部，以“澎湖为门户，鹿角为咽喉”。郑成功根据敌情地形，确定了如下作战方针：首先收复澎湖，以之为前进基地，然后乘涨潮之机，通过鹿耳门港，实施登陆，切断台湾城、赤嵌楼两地荷军联系，分别予以围歼，然后收复台湾全岛。

荷兰殖民者为了阻止郑成功收复台湾，也进行了一系列战争准备：增加兵力，到战前，荷兰侵略军在台湾的总兵力约2800人，有战舰“赫克托”、“威 因克”、“马利亚”等以及小艇多艘，并修城筑堡，在台南海岸修建了一些坚固的城堡和炮台。其中的台湾城和赤嵌楼（今台南市西北的镇北坊），是荷兰侵略军用主要力量防守的两个城堡。储备物资，实行封禁。规定禁止任何中国人进入赤嵌楼要塞，禁止渔民下海捕鱼，不准商船与大陆贸易，禁止与大陆通信，以防走漏消息。荷军通过各种渠道，采取各种方式搜集情报，侦察郑军的动向。调整兵力部署，将其兵力主要配置在两个方向上：一是台湾城及其附近的小岛和海面、江面，兵力约1800人，舰船多艘，由荷军 头目揆一亲自率领；二是在赤嵌楼驻兵500多人，由描难实叮率领。其他港口和城堡约有四五百人守卫。在此之前，鹿耳门港已用沉船堵塞航道。此港水浅礁多，不便通行，没有派兵防守。揆一的意图是，依恃台湾城炮台的火力，居高临下，封锁海面，另派甲板船 防守大港海口，阻止郑军登陆。永历十五年（1661年）三月初一，郑成功在金门举行隆重的誓师仪式。二十三日中午，郑成功亲率第一梯队自金门料罗湾出发，浩浩荡荡向东南挺进。次日清晨，舟师抵达澎湖，因荷军兵力薄弱，很快予以占领。3天后，郑军继续东征，进至柑

明代神威大将军铁炮。红夷型铁炮，1638年制。

桔屿海面时，遭风雨所阻，被迫折回。三十日，郑成功留下3000兵力驻守澎湖，率领舰队，冒着暴风雨横渡海峡，于四月初一拂晓航抵鹿耳门港外。由鹿耳门外海进港有两条航路：一条是南航道，口宽水深，但有敌舰防守，陆上台湾城又置重炮瞰制航道，不易通过。另一条是北航道，即鹿耳门航道，门阔仅里许，水中沙石淤浅，舰船触之立碎，仅一线可容三舟并进，水路长数十里，横渡可至赤嵌楼。由于航道水浅，荷兰侵略者事先又用破船堵塞，因而只有涨潮时才能通过。郑成功决定由北航道突入。四月初一中午，海潮大涨，郑成功乘机率队进发，大小战舰顺利通过鹿耳门，进入内海，将舰船分布在台江之中。台湾城上的荷军以为中国船队一定会从正面进攻，所以只在南航道岸上准备了大炮。郑成功偏偏从鹿耳门开进台江，避开了敌人的火力。荷兰军队对郑军这种出乎意料的行动惊慌失措，来不及调整大炮，只好仓促出动夹板船到海面阻击，郑军水师冲过荷军防线，先在赤嵌楼以北的禾寮港登陆，接着在鹿耳门方向登陆成功。台湾人民见郑军到达，争先恐后前来接应，郑军很快站稳脚跟。

郑军顺利登陆后，荷兰侵略者的要塞赤嵌楼、台湾城及仅有的几艘战舰便暴露在郑军面前，处于分隔和被围状态。但荷兰侵略军妄图凭借坚船利炮和坚固的城堡，从水陆分兵，乘郑军立足未稳，实施反击。海面上，荷兰侵略军以4艘舰船阻击郑军，郑成功以60艘战船把荷舰包围起来，双方展开激烈炮战。郑军战舰装备虽不如荷军，但水兵们英勇顽强，结果，击沉敌主力舰一艘，炸毁甲板船一艘，其余敌舰漏网逃走。在陆上，荷兰舰长贝德尔率领240名士兵向郑军反击。郑将陈泽率4000人，以大部兵力正面迎击，以七八百人迂回到敌军侧后，前后夹击。结果，贝德尔毙命，荷军被歼180多人，只有少数人逃回台湾城。荷兰侵略军海陆两战失败后，仍企图固守赤嵌楼、台湾城这两座孤立的城堡。郑成功一面派兵切断荷军水陆交通，一面乘胜进攻赤嵌楼。台湾人民也纷纷自动武装起来，协助郑军打击荷兰侵略者。四月初四，赤嵌楼的水源被台湾人民切断，描难实叮被迫率部投降。四月初七，郑成功除留一部分兵力扫清其他地方的残敌外，亲自督师围攻台湾城。

明代神威大将军铁炮。红夷型铁炮，1643年制。

台湾城城高墙厚，守备坚固，城四隅向外突出，置炮20尊，南北各置巨炮10门。荷军火炮密集，射程远，封锁了周围每条道路，所以无论从哪一方面接近，都会受到堡上炮火的轰击。郑成功占领赤嵌楼后，即组织进攻台湾城。他采取正面进攻和翼侧迂回、水陆配合的战法。四月初四，派兵一部从左翼侧逼近台湾城，击败迎击的荷军。四月初七，又指挥将士渡海从南端进攻台湾城。这时，困守在城内的侵略军只有870人，退据堡垒继续顽抗。郑成功一面积极准备攻城，一面写信谕令揆一投降，揆一不理。郑成功即调集28门大炮运入市区，向台湾城猛轰，摧毁台湾城大部胸墙，击伤许多荷军。揆一不顾一切列炮于城上，集中轰击，迫使郑军后撤。郑成功鉴于台湾城池坚固，强攻一时难以奏效，为减少伤亡，进一步做好准备，决定改取长围久困、且耕且战的方针。五月初二，郑军第二梯队舰队抵达台湾，从台湾城南面 逼近该城城堡。郑军兵力得到加强，供给得到补充，遂从五月初五开始，在所有通向城堡的街道都筑起防栅，并挖了一条很宽的壕沟，围困荷军，同时准备了攻城器械和炮具。

五月二十八日，巴达维亚当局得知荷军在台湾战败的消息，即调集700名士兵、10艘战舰，赶赴台湾增援，七月初五到达台湾海面。郑成功侦知这一情况，抓紧进行围城和打援部署。荷兰侵略者得到增援之后，力求迅速改变被围的不利

郑成功弈棋听军情

处境，决定用新到的舰船和士兵把郑军逐出台湾城市区，并击毁停泊在赤嵌楼附近航道上的郑军船只。其部署是：以两艘战船迂回到市区后海面摧毁郑军炮位，出动三四百名步兵进攻市区，另派大小20艘舰艇袭击郑军战船。闰七月二十三日，双方在海上接战，郑成功亲统战舰在海上迎击，将敌舰包围，经一小时激战，击毁、烧毁荷舰2艘，缴获小艇3艘，毙敌100多名。其余荷舰逃往远海，再也不敢靠近台湾。因海上失败，荷军在陆上未敢发起进攻即草草收兵。被围荷军粮饷匮缺、士气低落，不少士兵吃了发霉的食物而中毒，战死、饿死者众多。郑军则进行休整，不断加筑工事，架设巨炮，准备继续攻城，民众还协助郑军断绝了荷军的水源。在围困台湾城8个多月并进行了充分的准备之后，郑军发起总攻。

十二月初六，郑军攻占城外重要据点乌特利支堡，然后居高临下，向台湾城猛烈轰击，揆一 见大势已去，于十二月十三日率部投降。至此，沦陷了38年的台湾又重新回到了祖国的怀抱，郑成功驱逐荷兰侵略者的伟大斗争，终于取得了胜利。

郑成功收复台湾的胜利，结束了荷兰侵略者对台湾人民的殖民统治，捍卫了中华民族的利益，显示了中国人民从来就不能容忍自己的领土任人宰割的斗争传统，为中华民族抗击海外侵略者，维护祖国神圣领土的完整统一，创造了光辉的业绩。郑成功因而成为受人景仰的伟大的民族英雄，他指挥的这一英勇机智的登陆作战，在中国战争史上写下了灿烂的一页。

第九章 龙旗飘扬的舰队

一、晚清海军的建立

林则徐像

1840年，英国殖民主义者发动了鸦片战争，从海上敲开了中国封闭已久的国门，由此拉开了中国近代史的序幕。20年之后，英法联军的侵华舰队卷土重来，再次用坚船利炮突破中国的海上藩篱，然后驱兵北京城，点火焚烧了圆明园。1884年，法国远东舰队在侵华战争中肆行于中国东南沿海，在马尾全歼了中国的福建水师。10年之后的甲午战争，更是上演了一幕蓝色的历史大悲剧，日本海军全歼中国海军北洋舰队，区区岛国将泱泱大清帝国彻底打垮。几年过后，八国联军的舰队又不费吹灰之力，迫使清朝政府接受了丧权辱国的《辛丑条约》，将中华民族彻底推入半封建半殖民地社会的黑暗深渊。此后的中国，更是国门洞开，有海无防。外国侵略者的军舰在中国的领海和内河横冲直撞，如入无人之地。

据不完全统计，自1840年鸦片战争开始的百余年间，英、法、日、俄、美、德等帝国主义列强，从海上入侵中国达84次，入侵舰艇达1860多艘，入侵兵力达47万人。百余年里，中华民族虽不断奋起抗争，但更多的则是历尽劫难，饱尝屈辱。回顾这一段不幸的民族历史，我们不难看出：外敌的不断入侵、特别是来自

魏源画像

海上的外敌不断的入侵，成为中华民族历史大劫难的直接根源。从一定意义上说，一部中国近代史，就是一部列强侵略中国的历史，更是一部列强从海上侵略中国并频频得手的历史。如果说侵略与反侵略战争是构成中国近代历史发展演变的重要内容之一，那么，在海洋方向入侵与反入侵的军事斗争，则关系着侵略与反侵略战争的胜负成败，从而也就决定了近代中国历史发展的大命运。

自1840年鸦片战争之后，清政府中的一些有识之士对国家所面临的海洋方面的严重危机有着较为清醒的认识，并陆续提出了一些应对之策。以30余艘舰船和不足万人组成的英国远征军，远涉重洋侵犯中国，使拥有近百万常备军的中国军队一触即溃。清政府从全国调兵遣将，动用了一切可以动用的武器装备，最后却落得一个割地赔款的战败结局。这一严酷的现实，使朝野上下均受到前所未有的强烈震动，并迫使封建统治阶级中的一部分有识之士开始审视周围早以变得陌生的外部世界，进而去思考国家与民族的前途与命运。

林则徐堪称清朝高级官员中睁眼看世界的第一人，出于抗击侵略的需要，他特别重视学习和引进西方军事技术及装备，大胆提出了“师夷长技以制夷”的著名方略。思想家魏源接受林则徐的委托，编撰出100卷的著作《海国图志》。面对强敌自海上入侵的严酷现实，在“师夷长技以制夷”的思想指导下，魏源大胆提出了建设海军海防的一系列主张，开中国近代海防思想之先河，成为近代中国杰出的海防思想启蒙家。魏源指出，抵御强敌入侵的上策是要“严修武备”，尤其要严修海上武备，因为入侵之敌主要来自海上。他指出：“夷之长技，一战舰，二火炮，三养兵练兵之法”，主张向拥有坚船利炮的西方国家学习。针对当时视西方先进科技为“奇技淫巧”的强大的封建顽固势力，魏源冒着大逆不道的骂名，巧妙引证古代历史予以驳斥，并再三强调指出：“善师四夷者，能制四夷；不善师四夷

魏源撰写的《海国图志》

者，外夷制之。”鉴于“海战全争上风，无战船则有上风而不能乘”，在其著名的《海国图志》一书中，建议在广东虎门设立造船厂和火器局，专门建造坚船利炮。魏源甚至还规划出创立中国近代海军的初步方案，要用250万两白银建成拥有110艘西式军舰和3万名官兵的一支海军力量，聘请外国人来传授西方先进的海军技术和训练方法，精习驾驶、攻击之术，期成“必使中国水师可以驶楼船于海外，可以战洋夷于海中”的有利海防态势。

特别值得注意的是，不愧为伟大思想宗师的魏源还将目光投向了国家的经济与财政等领域，大胆倡议开发工商业以富国力，并主张集中财力训练精兵。他更强调尊重人才，“国家之有人才，犹山川之有草木”，竭力倡设培养海军人才的考试制度，以培养大批人才作为建设强大海军力量的基础。魏源这些积极的思想主张，出现于当时闭关锁国的铁桶天下，实属难能可贵。这些思想对其身后出现的大办海军海防的热潮，产生了重大影响，并为近代中国的海军海防建设和近代军事工业建设作了必要的思想和理论准备。

魏源故居（今湖南隆回司门前镇）

在魏源《海国图志》问世的时代，还出现了林福祥的《平海心筹》、严如煜的《洋防辑要》、李光建的《海防新编》、桂文灿的《海防要览》、徐金镜的《海防事宜》等一大批探讨海防问题的著作，给当时气息窒人的中国社会注入了一股清新的空

李鸿章画像

气，一度形成了一个“睁眼向洋看世界，师夷长技以制夷”的探索热潮。以林则徐和魏源为代表的这批有识之士及其著作，在19世纪40年代闭关锁国的铁桶天下，为近代中国海军建设的理论与实践拉开了历史的序幕。在此后数十年清王朝苦心营办近代海军海防事业的曲折历程中，时时处处都显现着魏源等伟大启蒙思想家的思想踪影。

但在第二次鸦片战争中，中国再次落败。英法联军的胜利，再次显示出海军舰队实施海上机动作战的巨大优势，清朝统治集团中有更多的人看到了这一点，于是创建强大海军以抵御外侮，被列入清政府的重要议事日程。由于处于封建专制之下的中国没有工业及其造舰制炮的技术和人才，咸丰皇帝在1861年决定向西方购买一支近代化的海军舰队。几经周折，花费巨资买来的却是一支挂着外国旗帜的“阿思本舰队”，朝野舆论一片哗然。清政府不得不遣散了这支不伦不类的舰队。在为此付出了67万两白银的“学费”之后，中国人充分领略了海权在握的西方列强的狼子野心。

1864年6月1日，太平天国天王洪秀全病逝，清军剿灭太平军之大局已指日可待。次日，由恭亲王奕䜣领衔的总理各国事务衙门向皇帝提交了一份强烈要求学习西方先进军事技术以图自强的奏折，在暮气深重的紫禁城激起了冲天的反响。这份奏折还附呈了李鸿章写给总理衙门的一封信，其中数语，的确为当时高级官员们不敢想更不敢言：

“鸿章窃以为天下事穷则变，变则通。中国士夫沉浸于章句小楷之积习，武夫悍卒又多粗蠢而不加细心，以致所用非所学，所学非所用。无事则嗤外国之利器为奇技淫巧，以为不必学；有事则惊外国之利器为变怪神奇，以为不能学，不知洋人视火器为身心性命之学者已数百年……鸿章以为中国欲自强，则莫如学习外国利器；欲学习外国利器，则莫如觅制器之器……欲觅制器之器与制器之人，则或专设一科取士。士终身悬以富贵功名之鹄，则业可成、艺可精，而才亦可集。”

中国近代兵器工业创始人——曾国藩

从19世纪60年代初期开始萌发的一场颇具声势的学习西方的洋务运动，在当时封建顽固守旧势力的重重环视之下，紧锣密鼓地登上了近代中国的历史舞台。1865年，曾国藩主持创设的安庆内军械所制造的“黄鹄”号轮船建成下水；1865年，在李鸿章的主持下，丁日昌购买了上海虹口美商开办的一家旗记铁厂，并在此基础上创办了极其著名的江南机器制造局。

悉心于经世致用并极力研究外洋事务的闽浙总督左宗棠于1866年向清廷提出：“自海上用兵以来，泰西各国火轮兵船直达天津，藩篱竟同虚设，星驰飙举，无足当之”，“而中国海船则日见其少，其仅存者船式粗笨，工料简率。海防师船尤名存实亡，无从检校，致泰西各国群起轻视之心，动辄寻衅逞强，靡所不至”，“若纵横海上，彼有轮船，我尚无之，形与无格，势与无禁，将若之何？”针对严峻的海上外患，左宗棠提出“欲防海之害而收其利，非整理水师不可；欲整理水师，非设局监造轮船不可”的建议。左宗棠特别注意到，不仅西洋各国的舰船越造越精，而且东邻日本也开始仿造轮船，并派人到英国学习造船技术。他断定日本在数年之后必有大成。为此发出诘问：“彼此同一大海为利，彼有所挟，我独无之，譬如渡河，人操舟而我结筏；譬如使马，人跨骏而我骑驴，可乎？”在左宗棠的多次恳请之下，清政府终于在这一年批准他创办了福州船政局（下设有造船厂和船政学堂）。这是中国近代海军海防事业的第一个极其宝贵的造舰育才大基地，揭开了建设近代中国海军的序幕。

但中国自造军舰发展海军的道路并不平坦。1872年内阁大学士宋晋以“靡费太重”为由奏请朝廷停止建造军舰，引起了一番争论。为解决经费之难和财源之

总理海军大臣奕譞、会办海军大臣李鸿章、帮办海军大臣善庆。

缺，李鸿章于1872年创办了轮船招商局，他说："西洋富强之策，商务与船政，互为表里，以兵船之力卫商船，必先以商船之税养兵船"，因而"今倡办华轮，实为国体、商情、财政、兵力展拓之基局"。用今天的话来讲，李鸿章是在努力探索一条军用与民用相结合的海军发展道路。生产力的低下和生产关系的落后，使"中国造船之银，倍于购船之价"，加之"拘于成法，牵于众议"，清朝统治集团内部的思想并不统一，因此海军海防事业不得不在泥泞不堪的沼泽地里艰难跋涉。

1874年，日本出兵侵犯台湾。此事虽以和谈告终而未开启中日战端，但它却在中国朝野上下引起强烈震动并在清廷内部引发了一场"海防大讨论"。其中，直隶总督兼北洋大臣李鸿章的《筹议海防折》最令人瞩目，也确能反映出海军海防问题在当时的重要性和迫切性。在这篇洋洋万言的奏折中，他首先分析了严峻的国防形势："历代备边，多在西北。其强弱之势，客主之形，皆适相埒，且犹有中外界限。今则东南海疆万余里，各国通商传教，来往自如，麇集京师及各省腹地，阳托和好之名，阴怀吞噬之计，一国生事，数国构煽，实为数千年未有之变局！轮船电报之速，瞬息千里；军器机事之精，工力百倍。炮弹所到，无坚不摧；水陆关隘，不足限制，又实为数千年未有之强敌！"

在分析了前所未有的严酷的对外形势的同时，李鸿章还一针见血地指出，处理国际关系的根本在于国家的实力："洋人论势不论理，彼以兵势相压，我等欲以笔舌胜之，此必不得之数也。"他还将海军海防问题提升到新的社会发展高度来认识："居今日而欲整顿海防，舍变法与用人，别无下手之方。"

在这次"海防大讨论"之后，李鸿章又急切进言，呼吁购买铁甲巨舰。但腐败的清政府却不以为然，没有大举兴办海军。1884年8月，中法战争马江一役，福建水师全军覆灭。战争刚一结束，年轻的光绪皇帝就郑重颁布了“惩前毖后，自以大治水师为主”的上谕。随即总理海军事务衙门宣告成立，海军成为国家的军种之一，近代中国海军海防事业进入了一个黄金发展时期。

清朝海军基本上按丁日昌所拟《海洋水师章程》的建议，分为南洋、中洋、北洋三支水师而筹建。

随着大量外购的军舰陆续到华服役，总理海军衙门于1888年秋上奏获准颁行《北洋海军章程》，标志着北洋海军正式组建成军，它拥有铁甲巨舰（在当时具有今天航空母舰的地位）2艘、巡洋舰8艘和炮舰等10余艘，总吨位超过4万吨。这是近代中国海军海防事业发展的强盛顶点。

二、福州船政局与江南制造局

1866年创办的福州船政局与1865年创办的江南制造局，同为洋务运动中创办最早的两个大型近代工业，又同为旧中国近代造船工业的开端。

1. 福州船政局

福州船政局是晚清时期清政府为发展海军，在福建马尾创办的专门制造蒸汽舰船的近代化造船厂。

清同治五年（1866年），闽浙总督左宗棠鉴于蒸汽船在军事、经济上的重要作用，上疏朝廷请设局造船，他奏称：“臣愚以为欲防海之害而收其利，非整理水师不可；欲整理水师。非设局监造轮船不可。”同时指出：“轮船成则漕政兴，军政举，商民之困纾，海关之税旺，一时之费，数世之利也。”经清政府批准，8月，在福建闽县（今福州）马尾选址筹备。12月，左宗棠离闽赴陕甘任总督，由其举荐的船政大臣沈葆桢接办。12月下旬正式动工兴建，1868年1月开工造船。福州

左宗棠像

船政局由厂房（车间）、行政、水师营、学堂四部分组成。从1866年筹建至1895年中日甲午战争结束，是福州船政局生产发展的全盛阶段。

这一阶段共造出大小船只34艘，平均每年1艘。这是中国制造的第一批近代军舰和商轮，大部分用于装备清政府新建的南北洋近代海军，小部分供应轮船招商局等单位作运输之用。在历次抵御外侮的战防中，这些船只起了很大的作用。如1874年日本借口琉球船民被台湾高山族人杀害事件兴兵侵略台湾，仍在船政所大臣任内的沈葆桢，一面奉命赴台同日军谈判，一面调集该局所造之“安澜”、“飞云”、“伏波”、“万年清”、“济安”等兵轮集中闽海，积极备战，迫使日本不得不议和撤军。这些兵轮，在搜集敌军情报、运载军队军火、维持闽台交通等方面，确实起了关键作用。沈葆桢事后指出：“台事借重船政十有八九”。又如中法战争马江之战，船政局制造的军舰与敌舰对阵，在敌舰突然袭击的不利情况下，“福星”号力战不退，带动“福胜”、“建胜”等舰与敌血战，“飞云”号开炮还击，当敌三大舰，给法国侵略者以沉重打击。

在这批船只的制造过程中，技术上的进步也比较明显。试制第一艘“万年清”时，屡作屡改，技术上还不够成熟，到制造第四、五艘“伏波”、“安澜”时，便渐少更改。入海试航时，则“伏波”稳于“万年清”，而“安澜”又稳于“伏波”，表明制造技术日有起色。前面4艘船上的轮机均购自英、法，从第五艘“安澜”起，轮机已能自行制造。1871年6月造出的第一台150匹马力蒸汽发动机，不仅标志着该局技术上的一大进步，而且在我国近代造船史上和机器制造史上也具有重要意义，因为它即使不是中国自己制造的第一台发动机，也应是第一批发动机之一。船的排水量和轮机马力也逐步加大。这批船只的前6艘，排水量只有五六百吨左右，马力都是150匹。第七艘“扬武”号，排水量增至1400吨，马力加大至250

匹。船的式样和性能也不断改善。1876年以后开始从木壳船改制为铁胁木壳船。第一艘铁胁船“威远”号于1877年5月下水，排水量1268吨，轮机是750匹马力新式康邦机，接着连续造成了“超武”、“康济”、“澄庆”和“开济”等铁胁船。1887年以后又进一步制造“平远”、“广乙”等钢胁钢壳船舰。轮机马力提高至2400匹，排水量达2000吨以上，技术水平又有了新的突破。

福州船政局厂区鸟瞰

福州船政局第一批全套机器设备都是从法国进口的，随着造船业务发展的需要，又陆续添置了不少。全局生产车间共分成造船模型、装配、安装、铁工、翻砂、锅炉、木工、配件、铁胁、精密仪器等近20个车间，另有船台3座，铁船槽1座。1893年又建成青洲大石坞，可容纳数千吨之巨舰进坞修理。该局共占地600余亩，分厂区、学校区和住宅区等几个部分。生产工人和管理人员总数近3000人，据法国监督日意格的记载，1874年船厂人员已有2600人。因此，福州船政局是中国最早建立的机器设备齐全、生产规模庞大的近代造船工厂。一个外国人于1876年参观该局时曾说：“这个造船场和外国任何其他造船场并没有多大区别。”

福州船政局特别重视技术人才的培养。除了督促和嘉奖外国匠首在5年限期内教会中国员匠能自行按图监造并能自行驾驶船，造就了一大批中国第一代近代技术工人外，还设立船政前后学堂，专门培养造船和驾驶人才，陆续毕业的学生共628名。自1876年开始，选拔优秀学生赴欧洲深造，培养高级技术人才。至中日甲午战争爆发止，共选派3批学生68人，分别到法、英、德、比4国，学习造船、驾驶、化学、冶金、地质等学科，留学期限3～6年。由于这批学生学习成绩

"致远"舰管带邓世昌

优异，并具有实际生产经验，年龄又较大，各方面都比较成熟，因而多数成为优秀的技术人才。其中如魏瀚、陈兆翱、郑清濂、吴德章等学成回国后，不仅能接替船政外国员匠遗留下来的工作，还能改进技术，设计新船。刘步蟾、林泰曾、叶祖珪、萨镇冰等，先后成为中国近代海军的骨干。甲午黄海海战中壮烈牺牲的"致远"舰管带邓世昌，著名思想家、翻译家严复，也都是船政学堂第一届毕业生，是被选送到英国海军学校留学后归国的。

这一阶段的福州船政局在各方面已奠定了良好的基础。19世纪80年代开头几年，承造南北洋海军巡海快船7艘，添置快船地图房，扩大船台，广招工匠，增购机器，日夜赶工，出现了从未有过的繁荣景象。虽在1884年中法马江海战中遭受局部破坏，但很快恢复，还添建了鱼雷厂和青洲石坞，造船工程继续进行。

1895年中日甲午战争结束至1907年，由于各种原因，福州船政局开始走下坡路。

官办的福州船政局，经费用主要靠清政府从闽海关每月拨银5万两维持。随着造船业务的日益扩大，费用逐步增加，资金不足的矛盾日益凸显，虽于1874年每月加拨2万两，但仍不敷用。再加上海关拨款经常拖欠，1877年以后，或全年停拨，或一年仅拨两三月，积欠竟达200余万两。据《船政》资料统计：1886年~1895年的10年间，海关拨款每月平均仅23 250两，不及原定之半。甲午战争失败后，清政府靠借外债支付巨额赔款，财政困难益甚，更无力顾及船政，以致船政局的生产经营一度陷入半停顿状态。有关官员议论纷纷，有主张停办的，有主张卖给外国的，有主张商办的，均无结果，至1896年，由总理衙门奏明朝廷，谓船厂经营垂30年，弃之殊属可惜，乃建议整顿扩充。

1897年，福州将军兼船政事务大臣裕禄，根据清廷整顿船政的决定，重新聘请法人杜业尔为正监督，一如前监督日意格时的章程，总管船政艺学工程并所属各厂事宜，同时配备法人监工两名，绘图师一名，书记一名，算学教习一名，匠首若干人。从杜业尔1898年进船政局至1903年退出的5年多时间，曾经添置了一部分必需的机器设备，造出了“建威”、“建安”两艘排水量达850吨、马力1500匹的新式鱼雷快舰，以及两艘小艇。但经费越来越少，海关的拨款根本无保证，各省协款又被中途截留，船政局业务无法正常开展。杜业尔合同期满后，原有督工柏奥镗任监督。在柏奥镗任内，仅于1907年建造成排水量2160吨、马力1200匹的商船一艘，连同1897年本国技术人员监造的一艘排水量1700吨的“福安”号商船，这一阶段共造成大小船只6艘。

在此期间，主管船政当局也曾想了一些办法，企图摆脱困境。1900年前后，闽督曾责成船政局兼造枪炮弹药，结果成品的成本费用比购自外国的贵两三倍，质量又不合格，每年反增加开支20余万两，只得停造了事。1904年，闽督崇善想利用船政局机器设备开辟财源，以船政局为抵押，向英商汇丰银行借银30万两，开办铜元局，结果只办了几个月便亏折停歇，拖欠汇丰债银23万余两，反而要船政局归还。

1907年前夕，船政局经费只剩下每月2万两，有时还要拖欠，局内机构人员也一再裁并，熟练工匠纷纷散去，技术人员则另谋出路，已到了快要停工关门的境地。法日两帝国主义看到有机可乘，都想把船政局攫为己有。法国扬言拟组织新公司，同中国合办。日本新占我台湾，逼近闽江，插手船政的兴趣更浓，扬言由该国川崎造船公司向清政府申请包办或合办。传说纷纭，甚嚣尘上，国人群起反对，闽省父老反对尤烈，清政府也不敢轻易决定。1907年，由陆军部奏准清廷，令闽督崇善将船政局洋员遣散，暂行停办，并派员对船坞机器妥为看守保存，以备应用云云。偌大一个福建船政局，从此便废弃不用。从1866年创办至1907年停办的41年内，共造成大小船只40艘，平均每年近1艘，而支出的国家经费共达现银1921万余两。

在这一阶段，船政学堂的规模已远不如前，但仍招生两次：第一次是1897年，录取新生共140名；第二次是1902年，录取新生70名。1907年船政局停办后，学堂仍维持着残局，在校学生共97名，教师11名，勤杂人员37名。派遣留学生工作也基本停止，仅1897年选派了6名学生留学法国，还因经费无着而中途撤回。1905年海军事务处选派4名学生赴英留学，其中有两名是船政学堂学生。1909年海军大臣选派23名学生赴英学习造船，其中只有一名是船政学堂学生。

福州船政局作为中国第一家近代造船厂，在开办的40余年间，共造各类舰船40艘，主要服役于福建海军，少数服役于南洋海军和北洋海军，在一定程度上增强了晚清海防的实力。辛亥革命后，改称“海军造船所”。1913年1月划归海军部管辖，主要业务为维修军舰。1918年创设海军飞机工程处。到1931年2月该处迁入江南造船所之前，共造水上飞机15架。抗日战争期间遭日本飞机轰炸，并一度为日本侵略军所占领，遭受严重破坏。1948年国民党政府将其大部分设备拆迁至台湾。

2. 江南制造局

在北京中华世纪坛前的青铜甬道上，记载着这样一件中华大事：“公元1865年乙丑，清穆宗同治四年，第一个大型近代企业江南机器制造总局（简称江南制造局，即今天的江南造船厂）在上海建立。”江南制造局是整个晚清时期清政府先后兴办的40多个兵工厂中最有影响的一个。江南制造局的全称为“江南机器制造总局”，由晚清军政重臣李鸿章于1865年在上海创办。它的建立，开了中国近代军事工业完全采用机器生产之先河，为中国近代军事工业的发展做出了重要贡献，被誉为“中国第一厂”。江南制造局从它创办的那一刻起，便将现代科技作为强国强军的巨大“推进器”。

1865年，鸦片战争爆发后的第25个年头。帝国斜阳里，一批“睁眼看世界”的人们开始从求购坚船利炮中寻求新路。江南机器制造总局就是在这样的时代风

中国近代兵器工业创始人李鸿章

雨中，走上历史前台。而它的创建与一个人密切相关，那就是时任两江总督、江苏巡抚的李鸿章。1865年9月20日（农历八月初一），两江总督李鸿章上书慈禧太后和同治皇帝。他那2000余言的《置办江南机器制造总局奏折》，几乎就是一份微缩版的“可行性研究报告”。在江南造船博物馆里，最古老的文物便是李鸿章的那份奏折，那隽永的小楷字体浸入发黄的纸面，至今仍清晰可见“机器制造一事，为今日御侮之资，自强之本”等字样。这就是1865年李鸿章创建江南制造局的初衷。当时，西方列强的两次鸦片战争，轰开了中国的大门，为挽救摇摇欲坠的清王朝，以恭亲王奕䜣和曾国藩、左宗棠、李鸿章等为首的洋务派，发起了购买和仿造洋船洋炮、加强军事实力的洋务运动，兴办了一批近代军事工业，江南制造局就是由李鸿章在上海创办最早、规模最大的一个军工企业。

早在1863年，曾国藩就派容闳赴美国购买机器，准备建立新式机器制造厂。是年，李鸿章也在上海设立韩殿甲制造局、丁日昌制造局，并雇英国人马格里建立松江炮局。此三局称“三局”，规模很小，仿照西法生产炸炮。1864年春，李鸿章派丁日昌在上海寻购外国工厂、机器，准备在试办三局的基础上，兴办一座大型的军火工厂。同治四年（1865年）5月，李鸿章果断命人在上海虹口买下美商旗记铁厂，又将上海和苏州两个洋炮厂并入，再加上曾国藩派容闳从美国买来的机器设备，建成江南制造局，也称江南机器制造总局。9月29日，清政府正式批准江南制造局成立。同治六年（1867年）自虹口迁往高昌庙，不断加以扩充，渐成为清政府规模最大的军事企业。后来有人开玩笑说，李鸿章是江南厂的“第一任厂长”。其实，这并非玩笑。当时，曾国藩、李鸿章、左宗棠、张之洞等大臣都担任过江南制造局的最高职位——督办，而以李鸿章任职时间最长。

江南制造局下属机构包括机器厂、铸铜厂、铸铁厂、炼钢厂、轮船厂、枪炮

江南机器制造总局大门

厂、火药厂、汽炉厂、公务厅、工程处、炮队营、广方言馆等等。职工人数3000余人，房屋2000余间。其产品主要有枪炮、水雷、弹药、机器等，并能修造轮船，中国第一台明轮蒸汽军舰“恬吉”号即由江南制造局于同治七年（1868年）制造。江南制造局的创办经费为54.3万两，自同治六年（1867年）起拨江海关二成洋税为常年经费，每年30万～70万两不等。其机器设备及主要原材料基本上依赖外国，技术大权也掌握在外国人手中。光绪三十一年（1905年），造船部分独立，称“江南船坞”，辛亥革命后改称“江南造船所”。江南制造局也于民国六年（1917年）改称“上海兵工厂”，抗战爆发前停办，所留厂房及部分机器在抗战中被日本人拆毁，厂地并入江南造船所。

江南制造局是洋务运动中诞生的一个集军事工业、科技研究和造船为一体的大型民族企业，它的诞生标志着中国现代工业的开端，标志着中国产业工人的诞生，标志着中国现代科技的确立。

除了单纯的制造外，为培养技术力量和传播科技知识，江南制造局附设有广方言馆、翻译馆、工艺学堂，这里成为传播西方近代科技的重要平台。广方言馆原是李鸿章于1863年奏设的上海语言文字学馆，1869年并入江南制造局，每期招生80名，4年毕业，主要开设国文、英文、德文、算学等课程。翻译馆聘请英国人伟烈亚力，美国人博兰雅、玛高温等传教士翻译西书，徐寿、徐建寅、华蘅芳、华世芳等参加翻译和整理。1868年～1907年，翻译馆共译西书160种、l075卷，内容涉及政治、经济、历史、科技等方面，其中科技书籍居多，内有部分介绍兵器和兵器制造的书，这些译书对帮助了解西方文化，特别是了解科学技术的发展起了重要作用。工艺学堂设于1898年，由广方言馆裁撤改设，后改为兵工学堂，每期招学生50名，学制4年，学习国文、英文、算学、绘图、化学、机器等课程。

中国近代早期的科学家，左起：徐建寅、华蘅芳、徐寿

毕业的学生，有的由总理衙门选调赴京，有的留沪、宁两地学堂任教，有的担任制造局中的员司。学堂虽然规模不大，但它是中国设置最早的兵工学堂，在培养生产技术力量上起了一定作用。

江南制造局的诞生，使中国的大国海洋梦想重新唤起。

作为一个拥有3万公里海岸线的国家，中国的海上实力曾经令人瞩目。郑和七次下西洋被视为中国航海事业的盛极阶段。但此后，明朝统治者并没有在此基础上继续拓展，相反的，停止再造出海大舟，并实行更严厉的海禁政策，“寸板不许下海”。其中原因，学界至今还在争论，但一个不争的事实是，中国的航海事业从此由兴转衰，中国的国运衰落也从海上开始。1840年，西方殖民主义者以坚船利炮从海上打开了中国大门，自此，挂着外国旗帜的军舰在中国的领海和内河横冲直撞。

江南制造局的建立，结束了中国海洋文明的停滞时代。重造中国大船，此时被赋予了振兴国运的期望。中国在1868年制造出第一艘载重600吨的明轮兵船，让“西方制造”在中国落地生根。7月23日那天，它从浦江出发，驶至美、英两公馆时，开炮庆贺。1918年，江南造船所接下了中国第一张国外造船订单：为美国运轮部造4艘载重量10 000吨、排水量14 750吨的运输舰。两年后，4艘起着中国名字的美国船陆续下水，引起世界重视，中外报刊竞相报道，称“除日本不计外，乃为远东从来所造最大之船”。“中国工业史，乃开一新纪元”。

江南制造局发展到主营造船，与近代科学家徐寿有很大关系。徐寿被称为中国近代造船业的鼻祖。曾国藩说徐寿“研精器数，博学多通”，对其评价极高。1862年，曾国藩将徐寿推荐到安庆内军械所，专办制造事宜。1867年，曾国藩、李鸿章就把徐寿派到局门，入住高昌庙。由此，江南制造局开创了造船的新纪元。

江南制造局炮厂炮房

从1868年～1884年，徐寿主持了10余艘兵轮的设计建造，从明轮到暗轮，从木壳到铁甲，从600吨位到2800吨位，为中国人能自己建造轮船做出了巨大贡献。尤其是1868年建成的中国第一艘木质机动兵轮“恬吉”号（后改名“惠吉”号）试航时，轰动了上海。船长185尺，宽27.2尺，马力392匹，载重600吨。船身木质，锅炉自造，主机用外国的旧机器改装。因为它改变了中国兵船唯靠进口、不能自造的历史，当时的封疆大吏曾国藩亲自登船试航，称赞其“坚致灵便”，并为其命名为“恬吉”号，寓意“四海波恬，公务安吉”。此后，江南制造局又建造了“海安”、“驭远”等多艘兵船。1876年，中国第一艘铁甲军舰“金鸥”号，又在江南制造局诞生。仅1905年至1911年的6年间，就造船136艘。到1918年，为美国人建造了4艘万吨轮，这是中国人有史以来造的最大的船，也是中国签订过的最大的造船合同。这些正应验了李鸿章当年在奏折中所说的：“庶几取外人长技以成中国之长技，不致见绌相形，斯可有备而无患”，“有事可以御侮，无事可以示威”。

尽管江南制造局在1949年之前的84年里，几经改名，屡遭磨难，但“江南”这两个字始终未改。除军舰之外，中国第一门钢炮、第一支后装线膛步枪，这些

江南制造局炼钢厂

江南制造局枪厂机器房

超脱了冷兵器痕迹的近代意义上的御侮之器都出自江南制造局之手。从林明敦式后装线膛枪，到德国的新毛瑟枪；从强装线膛炮，到后装线膛阿姆斯特朗炮，“江南”无不在仿制中很快追赶上了世界先进水平。

新中国成立以后，江南制造局回到人民的怀抱，1953年改名江南造船厂。从此，自强不息的“江南人”开始了社会主义革命和建设的新时期。

三、晚清时期的中国巡洋舰

1. 自铸巡洋舰以固国防

19世纪40年代初，大英帝国的海军舰队和陆战队在鸦片战争中用他们的坚船利炮，打开了古老中国封闭已久的国门。50年代末，英法联军又一次用坚船利炮迫使大清王朝再次接受城下之盟。两次战争的惨败，使清廷受到巨大震骇，也促使朝廷中的一些有识之士开始正视现实，寻求救国御侮之策。以林则徐、魏源等提出的“师夷长技以制夷”为代表，学习西方的先进技术而抵御列强侵略的思潮逐渐被越来越多的人所接受。在这样的社会背景下，一批引进西方先进技术和设备的军工厂相继应运而生，而福州船政局就是其中的佼佼者。

中法战争期间清军的野战工事——地营图
（选自蔡标《地营图附说》）

设在马尾的福州船政局于1866年12月23日正式动工兴建，到1868年夏季建成。福州船政局既建造军舰又培养海军军官，堪称中国近代海军的“摇篮”。首任船政大臣沈葆桢深得清廷信任，为近代中国造船业竭尽心力，做出了重要的贡献。他曾在船政大臣衙门里写下两副对联以示自己的心迹：“以一篑为始基，自古天下无难事；致九译之新法，于今中国有圣人。”“且漫道见所未见闻所未闻此即

"广甲"舰

是格致关头认真下手处，何以能精益求精密益求密定须从鬼神屋漏仔细扪心来。"

1868年1月18日，福州船政局举行第一艘轮船的龙骨安放典礼。次年6月10日，建成的第一艘"万年清"号轮船顺利下水，其排水量为1370吨，推进功率为150匹马力，航速为每小时20公里。到1874年初，福州船政局共建成15艘舰船，业绩确属不凡。英国军官寿尔在参观了福州船政局之后，对该厂生产的150匹马力船用主机大为赞赏，认为它们的技术能力足以与英国机械工厂制造的同类产品相媲美。

福州船政局建造的第7艘"扬武"号舰于1872年3月建成下水。"扬武"号是福州船政局前期建造的最重要的军舰。它所费工料繁巨，一船可抵二船。"扬武"号是中国最早的一艘巡洋舰，该舰舰长57米，宽10.8米，吃水5.37米，排水量1560吨；采用非复合式蒸汽机，总功率为1130马力，航速12节，舰员147名。采用铁骨木壳建成的"扬武"号巡洋舰，造价高达25.4万两白银，舰上共配备有11门舰炮。

从1869年到1905年间，福州船政局共建成舰船40艘。1883年1月建成下水的"开济"号是比"扬武"号更胜一筹的巡洋舰。该舰舰长79.74米，宽10.8米，吃水5.49米，排水量2200吨；采用一台功率为2400马力的省煤卧式复合蒸汽机，航速15节，舰员183名。这艘铁骨双层木壳的巡洋舰造价高达26.8万两白银，舰上配备有10门舰炮，并在舰艏水线之下装设有冲角。随后，"开济"号的两艘同型姊妹舰"镜清"号和"寰泰"号也从福州船政局造船厂的船台上滑下了大海。1872年下水的"扬武"号巡洋舰被编入福建海军，成为该舰队的旗舰。福建海军拥有11艘军舰，除旗舰"扬武"号巡洋舰之外，另有8艘炮舰、炮艇和两艘运输舰。

1884年8月，由海军中将孤拔指挥的法国海军远东舰队陆续闯入闽江口，进

触礁后的“广乙”舰

“广丙”号巡洋舰

泊马江伺机挑衅。但当地军政大员们依据清廷“不可衅自我开”的指令，对入侵的法国军舰不敢作任何的阻拦，反而施以友好款待，并严令与法国军舰同泊马江的福建海军不得先行开炮，违者虽胜亦斩。

8月23日13时56分，集泊于马江的法国舰队利用退潮的有利时机，向锚泊于上游方向的福建海军发起猛烈的炮火攻击，中方舰艇在被动中仓促予以还击。两军刚一交火，法军旗舰“窝尔达”号巡洋舰就集中全部炮火猛攻中方旗舰“扬武”号；“扬武”号不甘示弱，首发炮弹就命中“窝尔达”号的舰桥，当场击毙5名法国水兵，法军舰队司令孤拔中将侥幸活命。不幸的是，法军的46号鱼雷艇急驶而来，击中了“扬武”号巡洋舰的右舷中部，引起剧烈爆炸,滚滚浓烟冲天而起。“扬武”号的管带（即舰长）兼舰队指挥官张成在混乱中仓皇泅水（另一说是乘小舟）逃跑，致使中方各舰失去统一指挥，不得不各自应战。此次战斗仅持续约半小时，法军舰队以两艘鱼雷艇受重伤和死伤30多人的微小代价，击沉了福建海军11艘军舰以及其他数十艘商船（清朝海军死伤700多人）。中国第一艘巡洋舰“扬武”号在受重创驶近岸边后，被烈火焚毁。

福州船政局建造的另3艘巡洋舰“开济”号、“镜清”号和“寰泰”号，则被编入驻泊于江苏、浙江海面及长江下游的南洋海军，未能经历海上大战。“开济”号于1902年失事沉没于南京附近的长江中。福州船政局后来还建有巡洋舰“广甲”号（1300吨）、“平远”号（2100吨）、“广乙”号（1010吨）、“广丙”号（1030吨）等。而在此期间，南洋海军还拥有两艘购自德国的2200吨级的巡洋舰“南琛”号和“南瑞”号，航速15节，各装备有18门舰炮，舰员250名。

中法战争中福建海军在马江海战中失败的惨剧，使清廷痛下决心要大办海军。光绪皇帝在1885年中法战争刚刚结束后就发布上谕指出：“法人寻衅，累次开仗，

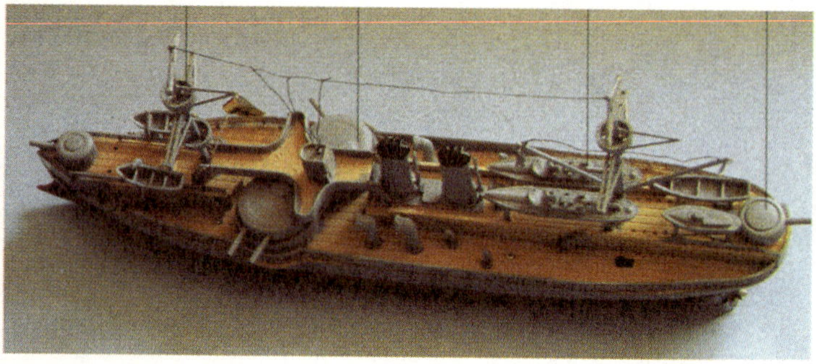

"定远"舰复原模型。1880年从德国购入，与"镇远"号为北洋舰队两只铁甲舰之一，排水量7335吨，配备有德国制大炮。

陆路各军屡获大胜，尚能张我军威，如果水师得力，互相援应，何至处处牵制。惩前毖后，自以大治水师为主。"随即组建成立了以醇亲王奕譞(光绪皇帝之父)为首的"总理海军事务衙门"(简称海军衙门)。鉴于北洋防务首当其冲的地位，直隶总督兼北洋通商事务大臣李鸿章出任海军衙门的会办大臣，具体负责北洋海军的组建工作。

1888年秋，海军衙门制定出一部专门的海军法规《北洋海军章程》。该章程随即被朝廷批准颁行，标志着北洋海军正式组建。北洋舰队拥有大小舰船近50艘，总吨位约5万吨，其中主要军舰22艘、鱼雷艇10艘。这支舰队一度成为亚洲首屈一指的强大舰队。在北洋舰队的编程里，除了有两艘威震东亚的7335吨级的铁甲舰（即战列舰）"定远"号（北洋舰队旗舰）和"镇远"号之外，最令人瞩目的就是8艘威风凛凛的巡洋舰。在此，逐一介绍这8艘巡洋舰的情况。

"超勇"号和"扬威"号巡洋舰

清光绪五年（1879年），北洋大臣李鸿章向英国阿姆斯特朗公司订造"超勇"号和"扬威"号巡洋舰。向李鸿章提议订造该二舰的是当时担任中国海关总税务

"镇远"号铁甲舰

"定远"号巡洋舰

司的英国人赫德。该二舰是同型姊妹舰，其主要技术数据为：舰长67.1米，宽9.68米，吃水4.27米，排水量1350吨，主机推进功率2400马力，航速15节，舰员137名。舰载武器有艏艉各1门254毫米口径主炮、4门120毫米口径副炮、10门机关炮。李鸿章将二舰的特点归纳为三条：船小、炮大、行速。李鸿章在呈给光绪皇帝的《订购快船来华折》中说：“船小则价不盛昂，炮大则能御铁甲，行速则易于进退。”1881年8月3日，英国纽卡斯尔港的夏日吹着清凉的海风，迎风招展的彩旗使港湾充溢着一派节日的气氛。中国出使英国大臣曾纪泽（曾国藩的长子）在此为中国巡洋舰“超勇”号和“扬威”号举行隆重的升旗仪式。在礼炮声中，曾纪泽亲手将清廷的黄色龙旗（清廷的国旗和海军旗）冉冉升上巡洋舰的旗杆，这是中国龙旗第一次在英国本土飘扬。8月17日，前来英国接船的丁汝昌、林泰曾、邓世昌等率200多名中国海军官兵及部分英国教官，驾驶“超勇”号和“扬威”号巡洋舰启程回国。这是中国人驾驶中国军舰首次航行北大西洋—地中海—苏伊士运河—印度洋—西太平洋航线，沿途所经各国均鸣礼炮致贺，扩大了中国的国际影响。同年11月22日，二舰顺利驶回天津大沽口。清廷对驾舰有功的林泰曾、邓世昌等予以嘉奖。在1894年甲午战争爆发时，“超勇”号管带是北洋海军左翼左营参将黄建勋（福州船政学堂首届毕业生，并留学英国），“扬威”号管带是北洋海军右翼右营参将（以花翎补用都司升署）林履中（福州船政学堂第三届毕业生）。“超勇”号和“扬威”号随北洋舰队参加了1894年9月17日的黄海大海战，并在苦战之后被击沉。“超勇”号管带黄建勋落入海中后，有人抛长绳相救，他不救而亡；“扬威”号管带林履中在失去军舰后，也愤然蹈海成仁。

“扬威”号巡洋舰

“济远”号巡洋舰

现保存在威海甲午战争博物馆的“济远”舰主炮。

“济远”号巡洋舰

清光绪六年（1880年），北洋大臣李鸿章通过中国驻德国公使李凤苞向德国坦特伯雷度的伏尔锵造船厂订造了“济远”号巡洋舰，同时订造的还有铁甲舰“定远”号和“镇远”号。“济远”号巡洋舰的主要技术数据为：舰长72.1米，宽10.37米，吃水4.78米，排水量2300吨，主机推进功率为2800马力，航速15节，舰员202名。舰载武器有1门双联装210毫米口径前主炮，1门150毫米口径后主炮，10门机关炮，4具鱼雷发射管，2艘舰载鱼雷小艇。值得一提的是，该舰拥有较强的装甲防护能力，其装甲由25.4毫米钢质和50.8毫米铁质装甲层复合而成，可抵御炮火的袭击。1886年底，“济远”号驶至中国。在1894年甲午战争爆发时，“济远”舰的管带是北洋海军中军左营副将（以花翎副将衔补用参将升署）方伯谦（福州船政学堂首届毕业生，并留学英国）。“济远”舰在甲午战争中先后参加了1894年7月25日的丰岛海战、9月17日的黄海大海战和1895年初的威海卫保卫战。管带方伯谦于黄海海战结束数日后，被清廷谕令斩首于旅顺口军港。甲午战争结束后，“济远”号被日本海军掳去。后被编入日本海军联合舰队，参加了1904年爆发的日俄战争，并在旅顺口战役中触雷且沉没于旅顺口附近海域。该舰的前主炮等部分武器装备于近年被打捞出水，陈列在山东威海刘公岛上的甲午战争博物馆里，供人们瞻仰。

“致远”号巡洋舰

“靖远”号巡洋舰

“致远”号和“靖远”号巡洋舰

清光绪十一年（1885年）11月中法战争刚刚结束，北洋大臣李鸿章通过中国出使英国大臣曾纪泽向英国阿姆斯特朗公司订造了此二舰。清廷原定将该二舰用于台湾及澎湖之防务，后改留用于北洋海军。该二舰是同型姊妹舰，其主要技术数据为：舰长76.25米，宽11.59米，吃水4.88米，排水量2300吨，主机推进功率5500马力，航速高达18节，舰员202名；舰载武器有3门210毫米口径和2门150毫米口径主炮，8门6磅远射炮，6门45毫米口径速射炮，10门机关炮和4具鱼雷发射管。该二舰订购总费用近170万两白银，1887年秋驶抵中国。1894年甲午战争爆发时，“致远”号的管带是北洋海军中军中营副将（以花翎提督衔记名总兵借补）邓世昌（福州船政学堂首届毕业生），“靖远”号管带是北洋海军中军右营副将（以花翎副将补用参将升署）叶祖珪（福州船政学堂首届毕业生，并留学英国）。该二舰随北洋舰队参加了1894年9月17日的黄海大海战。“致远”号在激战中被击沉，邓世昌落海后谢绝救援，壮烈牺牲，实践了自己“誓与战舰同存亡”的诺言。在黄海海战后段，北洋舰队丧失了统一的战场指挥，各舰被迫各自应战，叶祖珪主动在“靖远”号上升起指挥信号旗。“靖远”号后来参加了1895年初的威海卫保卫战，于2月9日被击沉。

“致远”号巡洋舰官兵合影，中间双手交叉者为管带邓世昌。

"经远"号巡洋舰管带林永升

"经远"号巡洋舰

"经远"号和"来远"号巡洋舰

清光绪十一年（1885 年）11 月中法战争刚刚结束，北洋大臣李鸿章通过中国驻德国公使许景澄向德国伏尔锵造船厂订造了此二舰。原定将该二舰用于台湾及澎湖之防务，后改留用于北洋海军。该二舰是同型姊妹舰，其主要技术数据为：舰长 82 米，宽 12 米，吃水 5 米，排水量 2900 吨，主机推进功率 3400 马力，航速 15 节，舰员 202 名；舰载武器有 2 门 210 毫米口径和 2 门 150 毫米口径主炮，1 门 40 毫米口径速射炮，2 门五联装 47 毫米口径钢炮，5 门五联装 37 毫米口径钢炮和 4 具鱼雷发射管。该二舰订购总费用约为 174 万两白银。1887 年秋，该二舰与在英国订造的"致远"号和"靖远"号巡洋舰一同驶抵中国，途中该四舰进行了各种编队训练和单舰训练。1894 年甲午战争爆发时，"经远"号巡洋舰的管带是北洋海军左翼右营副将（以花翎补用游击升署）林永升（福州船政学堂首届毕业生，并留学英国）；"来远"号巡洋舰的管带是北洋海军右翼左营副将（以花翎补用游击升署）邱宝仁（福州船政学堂首届毕业生）。该二舰随北洋舰队参加了甲午黄海大海战，"经远"舰被击沉，管带林永升中弹身亡。"来远"舰受重伤，后来参加了 1895 年初的威海卫保卫战，于 2 月 6 日被日军鱼雷艇击沉。

"平远"号巡洋舰

"平远"号是福州船政局建造的第 29 艘舰船，于 1887 年 12 月建成下水，1889 年交付服役，后于 1894 年甲午战争前调归北洋舰队。该巡洋舰主要技术数据为：舰长

"来远"号巡洋舰

“平远”号巡洋舰

59.1米，宽11.85米，吃水3.96米，排水量2100吨，主机推进功率2400马力，航速14节，舰员145名；舰载武器有1门254毫米口径和2门150毫米口径主炮，8门机关炮和4具鱼雷发射管。该舰的造价为52.4万两白银。1894年甲午战争爆发时，“平远”号巡洋舰的管带是北洋海军后军前营都司李和（福州船政学堂首届毕业生）。“平远”号巡洋舰随北洋舰队参加了黄海大海战和威海卫保卫战，最终被日本海军掳去。1904年在日俄战争中触雷，沉没于旅顺口附近海域。

2. 外购巡洋舰重振海威

清廷最大的海军舰队——北洋海军在甲午战争中全军覆灭。除在几次海战中损失的舰艇外，其余舰船悉数被日本海军掳去，仅存者只有一艘被日军卸除武器装备的小型练习舰“康济”号（威海卫战败后，该舰因获准运送丁汝昌、刘步蟾等北洋海军高级将领的灵柩而幸得留存）。在此情形下，北洋舰队已荡然无存，京畿的海上门户洞然大开。清光绪二十二年（1896年），清廷决定重建北洋海军，由总理各国事务衙门（简称总理衙门，负责办理外交事务）负责海军的重建工作。后来又在陆军部增设海军处，具体承办重建海军的事务。为重振海军以巩固海防，清政府又不惜花费巨资，从英、德等西方国家订购了大批各种规格的军舰，而巡洋舰又一次成为军火进口项目中惹人注目的大额生意。年轻的光绪皇帝对中国海军在1884年甲申中法战争和1894年甲午中日战争时隔10年的两度惨败耿耿于怀，在1898年的戊戌变法中，海军海防问题又被理所当然地列为重要的议事日程。1898年7月29日，光绪皇帝在紫禁城内召见军机大臣，他郑重明谕：“国家讲求武备，非添设海军、铸造兵轮，无以为自强之计。”

就在这场仅仅为期103天的“百日维新”运动期间，中国从德国订造的3艘同型巡洋舰“海容”号、“海筹”号和“海琛”号分别驶抵距北京城最近的海上港

光绪皇帝像

慈禧太后像

口——天津大沽口。这3艘巡洋舰远涉重洋，历尽风涛，行色匆匆，似乎都要日夜兼程而为光绪皇帝的变法壮举献上一份厚礼。最后一艘赶到天津大沽口的“海琛”号于1898年9月21日终于靠上了码头，但萧瑟的北国秋风却无言地传来了来自北京城内的不幸消息：这一天，慈禧太后发动了“戊戌政变”，将光绪皇帝幽禁于中南海的瀛台，并假借其名义发布吁请太后训政的诏书，又一次临朝“训政”。清廷海军的重振大业，在一开始就遇上了极为不幸的黑暗政治时日，似乎被历史昭示着此次重振海军只能是一厢情愿的昙花美梦。

“海容”号、“海筹”号和“海琛”号这3艘同型巡洋舰是总理衙门于1896年5月下令中国驻德国公使许景澄向德国伏尔锵造船厂订造的，单舰造价为16.3万英镑。该三舰的主要技术数据为：舰长95.77米，宽12.4米，吃水5.79米，排水量2950吨，主机推进功率7500马力，航速19.5节，舰员263名；舰载武器有3门150毫米口径克鲁伯式主炮，8门105毫米口径克式炮，2门60毫米口径克式炮，4门37毫米口径哈乞开斯炮，5挺8毫米口径马克沁机关枪和1具鱼雷发射管；载煤量580吨，载淡水量270吨。

清光绪二十五年（1899年）夏，又有两艘更大的巡洋舰“海天”号和“海圻”号驶抵天津大沽口。该二舰是1896年11月清廷令海关总税务司赫德向英国阿姆斯特朗公司订造的同型巡洋舰，其单舰造价为32.8万英镑。该二舰的主要技术数据为：舰长129.32米，宽14.23米，吃水6.1米，排水量4300吨，主机推进功率1.7

"海圻"号巡洋舰

万马力，航速24节，舰员445名；舰载武器有2门200毫米口径阿姆斯特朗主炮，10门120毫米口径阿式炮，12门47毫米口径阿式炮，4门37毫米口径阿式炮，6挺7毫米口径马克沁机关枪和5具鱼雷发射管；载煤量990吨，载淡水量337吨。"海圻"号巡洋舰于1911年出访英国、美国、墨西哥、古巴等国，进行了环球航行。遗憾的是，"海天"号巡洋舰在几年后就因舰长失职而触礁沉没。

清光绪三十四年（1908年），光绪皇帝和慈禧太后相继病死。年仅8岁的溥仪即位，定年号为宣统，其父载沣担任摄政王而掌控朝政。次年，载沣亲自代理全国海陆军大元帅，并提出振兴海军，设置了筹办海军事务处，由他的六弟郡王衔贝勒载洵和提督萨镇冰担任筹划海军大臣。清宣统元年（1909年）10月，载洵和萨镇冰带随员赴欧洲各国考察海军。在意大利，他们订造了1艘1000吨级的炮舰；在奥匈帝国，订造了1艘2000吨级的驱逐舰；在德国，订造了3艘700吨级的新式鱼雷艇和2艘400吨级的钢甲平底炮艇。在英国，他们考察了多家造船厂，并参观访问了皇家海军大学，分别向两家造船厂订造各1艘巡洋舰，即"肇和"号和"应瑞"号。"肇和"号是向英国阿姆斯特朗公司订造的1艘巡洋舰，造价为21万英镑。该舰主要技术数据为：舰长97.6米，宽11.89米，吃水4.27米，排水量2600吨，主机推进功率6000马力，航速20节，舰员230名；舰载武器有2门150毫米口径阿姆斯特朗式主炮，4门100毫米口径阿式炮，6门3磅阿式炮，2挺马克沁机关枪和2具鱼雷发射管；载煤量550吨，载淡水量255吨。"应瑞"号是向英国维克斯造船厂订造的另一艘巡洋舰，造价为20.4万英镑。该舰主要技术数据为：舰长100.65米，宽12.62米，吃水3.97米，排水量2460吨，主机推进功率6000马力，航速20节，舰员230名；舰载武器有2门150毫米口径维克斯主炮，4门100毫米口径维式炮，2挺马克沁机关枪和2具鱼雷发射管；载煤量550吨，载淡水量

255吨。令载沣这位根本就不懂海军事务的满洲贵族没有想到的是，当“肇和”号和“应瑞”号这两艘巡洋舰建成后驶抵中国时，时间已是1913年，此时中国的天地已改变了颜色，大清王朝的历史纪元已被换成了中华民国的纪年。顺便一提的是，载沣等人于1910年夏季还赴美、日两国考察海军，向纽约某造船厂订购了一艘3000吨级的“飞鸿”号巡洋舰，但后来因故未能交货。

清宣统二年（1910年）12月4日，清廷将筹办海军处改为与陆军部平行且同级别的海军部。次年3月9日，清廷开始向包括海军大臣载沣在内的全体海军军官颁授三等九级的海军军衔。

就在清廷对海军建设采取一系列举措之际，在湖北爆发了武昌起义，掀开了辛亥革命的历史大潮。具有讽刺意味的是，被清廷派赴武汉等地镇压革命党人的海军舰队却易帜而将炮口对准了大清王朝。特别是1911年11月12日，“海琛”号、“海筹”号和“海容”号三艘巡洋舰率先驶离武汉，宣布起义，成为整个海军异动的标志。清廷花费巨资所购入的巡洋舰，最终却加入了倒戈者的行列。

武昌起义爆发后仅一个月，整个清廷海军即完全倒向革命党，这对行将垮台的清王朝构成致命的一击。12月25日，孙中山先生自海外回国，并于1912年（民国元年）1月1日宣誓就任中华民国临时大总统。1月3日，民国临时政府组建了以黄钟瑛为首、汤芗铭为副的海军部。但在不久之后的军阀割据时期，刚从形式上统一起来的民国海军，又处于分裂状态，并被卷入各地势力的混战之中。

四、中日甲午战争

1894年爆发的中日甲午战争，是一场改变中、日命运的大决战。这场战争在毁灭了北洋水师精华的同时，也进一步把中国拖进半殖民地半封建社会的泥潭。

中日开战的起因是朝鲜事件。1894年3月，朝鲜南部爆发了东学党起义，朝鲜政府请求清政府派兵协助镇压。在清兵开赴朝鲜的同时，对朝鲜觊觎已久的日

朝鲜国王李熙

本也发兵至仁川。但之后东学党和政府讲和，朝鲜内战实际上已经停止。朝鲜政府为消除日本出兵的借口，请求中国撤兵，清政府也要求日本同时撤兵。日本虽然失去出兵朝鲜的借口，却仍然想扩大事端，当时的日本外务大臣陆奥宗光在回忆录中写道："日本假借这个好题目"，是为了"索性借此时机促成中日关系的破裂"。因此日本不仅拒绝撤兵，反而继续向朝鲜增派军队。战争已如箭在弦。

朝鲜事件后，日本扩张主义者歇斯底里地叫嚣："宣传国威此其时，百年大计在一战。" 1894年7月29日的《时事新报》向日本全社会呼吁："身为日本国民，应无官民朝野之别，必须同心同力服务于国事"，并强调"这场战争乃开国来一大事件"，已经做好了战争的准备。而在清廷内部，60岁的慈禧太后怕耽误她大办生日庆典，盼望尽快结束战争，因此倾向和议。但迫于舆论，又不敢公开议和，指望英、俄从中调停，从一开始就陷于被动。

甲午年东学党起义领导人全琫准（中间坐者）

甲午战争第一炮，在朝鲜西海岸外的丰岛海域打响。1894年7月，清军奉旨向牙山增兵，由"济远"、"广乙"两兵舰护卫运兵船。7月25日凌晨，"济远"、"广乙"返航途中行到丰岛海域时，突然遭遇有备而来的3艘日本钢质巡洋舰，日本"吉野"舰首先向清舰船开炮，毫无准备的"济远"、"广乙"负

派赴朝鲜的清军

甲午战争时的八旗兵

伤西逃，日舰在追击途中，又遇到运载兵士的英国商轮“高升”号。日舰想劫持“高升”号，当时“高升”号上的1116名中国官兵用步枪抵抗，日舰击沉“高升”号后，“用快炮向水里游的人射击”。落水的中国官兵除被路过的法、德舰救起251人外，其余全部葬身海底。

8月1日，两国同时宣战，同时开始了陆地和海上的战争。

这时陆路日军已逼近平壤，清廷决定大举增兵，调精锐4000人，由丁汝昌率北洋主力护送进入朝鲜。9月17日，北洋舰队返航途中行至黄海大东沟，遇到已等候多时的日军拦截舰队，一场惨烈的海战就此发生了。

当时北洋有12艘舰船，除“定远”、“镇远”两艘主力舰外，还有6艘钢质巡洋舰、4艘炮艇，日方舰队虽然也是12艘，但船、炮速度都比清舰快。海战开始后，北洋舰队排成“人”字形向敌人进攻，而日本军舰凭借船快炮疾的优势，把“致远”、“经远”、“济远”三舰冲出阵外。“致远”遭受重创，开足马力撞向敌舰，被鱼雷击中倾覆；“经远”被日本“吉野”等4艘舰船围攻，爆炸翻沉。“济远”交锋不久，“先挂本舰已受重伤之旗”，向旅顺口方向逃跑，仓皇中还撞沉了己方的“扬威”舰，后来“济远”号管带方伯谦被正法。“广甲”也和“济远”一起

中日甲午战争形势图（1894年7月——1895年10月）

清总兵左宝贵与马玉昆

逃窜。只有"定远"、"镇远"、"来远"、"靖远"仍然坚持血战，4个半小时后，终于迫使日舰艇后退。据战后统计，"定远"、"镇远"两舰各中千发以上的炮弹，"来远"、"靖远"两舰也被烧得不成船形。大东沟海仗，北洋舰队五船受损，日军虽然也受重创，却一船不失。

虽然清军在海战中损失惨重，但不失英勇；而同时进行的陆战，却不堪言说。早在7月中旬，清政府下令备战，淮军主力卫汝贵、左宝贵、马玉昆、丰升阿部相继开赴朝鲜。到战前，结集在平壤的清军已有2万余人，由叶志超任统帅。从8月下旬起，日军1.5万人分4路开进平壤。面对装备精良的淮军精锐部队，日军做好了恶战甚至失败的心理准备。日军第一军司令山县有明临战时说："万一战局极端困难，也绝不为敌人所生擒，宁可清白一死。"日第五师团长野津道贯也说："如若不幸败绩，平壤城下即我葬身之地。"谁知日军从9月15日凌晨发起总攻，除遭遇左宝贵等少数将领率军拼死抗敌外，其余清军都只稍稍抵抗即望风而逃。15日夜间，平壤城里已经没有清军一兵一卒。日军追逃时一路狂杀，清军遗尸遍野。3天之后，叶志超等军全数退过鸭绿江，日军占领了朝鲜全境。

清朝北洋舰队的水兵们

战火迅速蔓延到国内。10月下旬起，一路日军渡过鸭绿江，攻陷九连城和安东；另一路在花园港登陆，占领凤凰城和金州，很快攻下大连和旅顺，辽东半岛全部陷落。1895年1月，日军占领了威海卫的南帮、北帮炮

日军占领九连城

台，将炮口对准停泊在港口内的北洋海军。海军提督丁汝昌奉李鸿章令保船避敌，不和日军正面交战，却被日本海、陆军夹击。丁汝昌、刘步蟾等将领在绝望中纷纷自尽殉国，所剩“定远”、“镇远”等十几艘战舰，有的被击沉，有的被掠去。李鸿章苦心经营20年、被当时中国人看作骄傲和希望的北洋海军，就这样全军覆没。

对比当时两国军事实力，相差并不是很大，清军还略占优势。

先看海军：1888年，北洋海军组编成军，由25艘新式军舰组成，总吨位8万余。据当时世界军事年鉴统计，这支海军居世界海军第8位，日本海军排在第16位。史学家唐德刚说，这支舰队就是“摆在今日的台湾海峡，也是一支可观的钢铁长城”。北洋海军还拥有两艘巨舰，“定远”、“镇远”两舰的排水量均为7335吨，装甲厚，还装备8门30公分口径巨炮，日本人“畏之如虎豹”。日本海军没有巨舰，最大的舰船排水量只有4278吨，但4000吨以上舰只有5艘，3000吨以上舰只有4艘，总体舰只吨位平均。

北洋舰只大口径火炮优于日军。以黄海战役计，北洋210毫米以上口径火炮有23门，而日军只有11门，仅及北洋的一半。清廷铁甲舰优于日本。据《甲午海祭》一书记载，北洋铁甲舰5艘，日本方面3艘。这里的铁甲舰指船体有特别的铁甲防护，防御能力大大增强。北洋舰只的航速或机动性方面逊于日本。北洋舰只中航速最高的“致远”、“靖远”均为18节，其余主力舰航速均

清北洋舰队提督丁汝昌

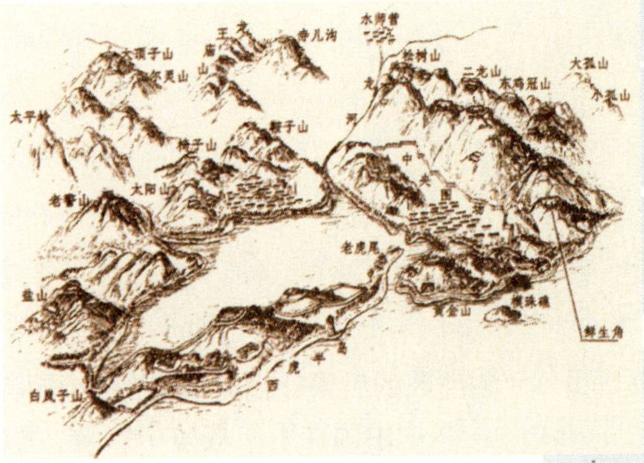

甲午战争时期旅顺要塞炮台分布示意图

在14.5～15.5节之间。日本舰只中航速最高的为“吉野”，达22.5节，另有4艘军舰航速在18～19节，其余在15～16节。北洋舰只配备火炮数少于日本。以黄海之役计，双方各12艘战舰，北洋火炮数195门，日军火炮268门。

刘公岛及停泊在威海卫内的北洋舰队舰艇

再看陆军，据当时英国军事情报局资料显示，清陆军总数60万，此外有多达100万的民兵。而日本常备军7.5万，在战时可动员至25万。甲午战争中，日方投入作战17万多人，中方投入约25万人。在武器装备上，当时清军使用的是欧洲毛瑟枪，有的部队还装备了更为先进的后膛连发枪，如赵怀业部“皆系一色快枪”，火炮多用克鲁伯后膛炮。而日军主要使用国产村田式步枪和青铜山炮，全军拥有的野炮不过300门，武器性能和数量均不如清军。据日方统计，整个甲午战争中，日军在牙山、平壤、九连城等地，一共缴获大炮607门、枪7394枝、炮弹267.17万发、子弹7745.8万发；其后在牛庄、营口、威海卫等地缴获火炮数百门，枪、弹不计其数。而日军仅消耗子弹124.18万发，炮弹34 090发。无怪李鸿章惊呼“令我寒心”。这也证明了陆军战败不是装备问题。

由此可初步看出，论物质条件，两国当时互有短长，差别不是很大。然而，战争严格地讲是综合实力的较量，综合实力应包含政治、经济、军事、文化等因素在内。如果比综合实力，那么，当时的中国与日本相差甚远。据记载，战争败讯传来，海军出身的思想家严复“中夜起而大哭”。其实，大哭的岂止严复一人，战败的后果让当时所有的中国人背负了沉重的包袱。

中国在甲午战争中惨败，之后承受的条约之苛、屈辱之深前所未有。《马关条约》割地、赔款，丧权辱国，而立约过程更令中国人无比屈辱。在正式订约时，日本把自己确定的条约文本摆在李鸿章面前，中方如不同意，日本就宣告议和破产，要进攻北京。李鸿章只嘀咕了一句："以如此苛刻条件指令我国，终非我国所能忍受。"日方代表伊藤立即站了起来："敢问，阁下所言，可否解释为坚决拒绝本大臣所提出要求之意？"李鸿章惊惶地摇手："否！"梁启超在《李鸿章传》写到此处时，笔端仿佛含着血泪："当戎马压境之际，为忍气吞声之言，旁观者犹为酸心，况鸿章身历其境者。"天下气短之事，莫过于此！

甲午战争时期的清军威海刘公岛炮台遗址

图书在版编目（CIP）数据

刀矛剑戟与战争 / 李守义编著. —太原：山西人民出版社，2007.5（2013.5 重印）
（中华五千年文明图说）
ISBN 978-7-203-05803-8

Ⅰ.刀…　Ⅱ.李…　Ⅲ.①武器-军事史-中国-图解②战争史-中国-图解　Ⅳ.E92-092　E29-64

中国版本图书馆 CIP 数据核字（2007）第 047961 号

刀矛剑戟与战争

编　　著：李守义
责任编辑：蒙莉莉　于辅仁
装帧设计：田　玫

出 版 者：山西出版传媒集团·山西人民出版社
地　　址：太原市建设南路 21 号
邮　　编：030012
电　　话：0351-4922220（发行中心）
0351-4922208（综合办）
E-mail：Fxzx@sxskcb.com
Web@sxskcb.com
Renmshb@sxskcb.com
网　　址：www.sxskcb.com

经 销 者：山西出版传媒集团·山西人民出版社
承 印 者：山西出版传媒集团·山西新华印业有限公司

开　　本：787mm×1092mm
印　　张：13
字　　数：123 千字
印　　数：11 001-16 000 册
版　　次：2007 年 5 月第 1 版
印　　次：2013 年 5 月第 3 次印刷
书　　号：ISBN 978-7-203-05803-8
定　　价：29.80 元